工业副产石膏应用研究及问题解析

滕朝晖　王文战　赵云龙　主编

中国建材工业出版社

图书在版编目（CIP）数据

工业副产石膏应用研究及问题解析 / 滕朝晖，王文战，赵云龙主编．--北京：中国建材工业出版社，2020.8

ISBN 978-7-5160-2983-1

Ⅰ.①工… Ⅱ.①滕… ②王… ③赵… Ⅲ.①石膏—研究 Ⅳ.①TQ177.3

中国版本图书馆 CIP 数据核字（2020）第 122640 号

工业副产石膏应用研究及问题解析

Gongye Fuchan Shigao Yingyong Yanjiu ji Wenti Jiexi

滕朝晖　王文战　赵云龙　主编

出版发行：中国建材工业出版社

地　　址：北京市海淀区三里河路 1 号

邮　　编：100044

经　　销：全国各地新华书店

印　　刷：北京鑫正大印刷有限公司

开　　本：787mm×1092mm　1/16

印　　张：13

字　　数：250 千字

版　　次：2020 年 8 月第 1 版

印　　次：2020 年 8 月第 1 次

定　　价：59.80 元

本社网址：www.jccbs.com，微信公众号：zgjcgycbs

请选用正版图书，采购、销售盗版图书属违法行为

《工业副产石膏应用研究及问题解析》

编委会

主　　编	滕朝晖	王文战	赵云龙
副 主 编	孙振平	杨家国	赵松海
编　　委	杨启标	罗　彬	张明权
	滕　坤	薛国龙	周光益
	危春国	高书芳	王炳山
	任家宝	徐祥来	李文玺
	周伟根	王大明	卫建军
	陈长喜	张庆丰	杨再银
	董慧艳	滕朝华	单顺安
	秦文臻	杨力远	田永生
	李燕华	刘乐峰	许　方
	李海成	方　乐	曹晓润
	李晓峰	冯秀艳	李　楠
	赵婷婷	李学斌	张彦鹏

《工业副产石膏应用研究及问题解析》

鸣谢单位

山西省建筑材料工业设计研究院石膏研究中心
河南强耐新材股份有限公司
建筑材料工业技术情报研究所
北京企航国际文化传媒有限公司
中国散装水泥推广发展协会建筑防水与保温专业委员会
同济大学材料科学与工程学院
中国建筑材料联合会石膏分会
北京建筑大学
太原理工大学
山西财经大学
郑州大学
山西经济管理干部学院（山西经贸职业学院）
河南省万测工程检测有限公司
河南建筑材料研究设计院有限责任公司
山西华建建筑工程检测有限公司
北京建筑材料检验研究院有限公司
湖北智美堂石膏新技术有限公司
江西天宏新材料科技有限公司
深圳冠亚水分仪科技有限公司
山东一滕新材料股份有限公司
浙江海申新材料有限公司
滨州惠甸建材有限公司
温州德泰塑业有限公司
无锡江加建设机械有限公司
北京弗特恩科技有限公司
朗士达智能装备工程（江苏）有限公司
山东建川重工科技有限公司
江苏莱斯兆远环保科技有限公司
青岛安立特机械设备有限公司
江苏禾仁新型材料科技有限公司
石家庄荣强新型建材有限公司
山西一把灰科技股份有限公司
石家庄祥庆建筑装饰材料有限公司
航天环境工程有限公司

序

中国建材行业正处于“中国制造和中国创造并举期、传统建材产业量的增加到了顶峰期、结构调整补短板青黄不接的攻坚期”三期叠加期。石膏建材行业也是如此：装备技术水平和生产工艺正逐步跻身世界先进行列，但是小规模和落后产能依然大量存在；新型的石膏产品，如自流平石膏、高强石膏等得到快速发展，但市场的发展空间还没有完全打开，生产技术和应用技术亟待提高；石膏行业内中小企业数量多，产业结构不合理，总体发展水平滞后于整个建材行业的发展水平。当前石膏行业的发展空间很大，但同时面临的问题和困难也很多，产业结构需要优化、产品质量需要提升，结构调整和供给侧改革任务艰巨。

近年来我国工业副产石膏的应用发展迅速，已经成为石膏建材产品的主要原料，据中国建筑材料联合会石膏建材分会统计，目前石膏建材行业超过80%的原料是副产石膏。副产石膏的利用还受到政府部门和社会各界的高度重视，各类文件政策出台推动副产石膏的利用与发展。国务院办公厅于2018年12月发布了《“无废城市”建设试点工作方案》，发展改革委、工业和信息化部于2019年1月发布了《关于推进大宗固废综合利用产业集聚发展的通知》，提出到2020年，建设50个大宗固体废弃物综合利用基地、50个工业资源综合利用基地，基地废弃物综合利用率达到75%以上，鼓励工业副产石膏利用产业集约发展。贵州、湖北、四川、云南等地方行业主管部门也发布了针对磷石膏综合利用的政策，磷石膏利用的相关要求、措施之严厉超过预期。这些政策的出台，都对环境保护提出了更高的要求，也给副产石膏排放企业带来较大压力，但同时也给石膏建材行业的发展提供了机遇。从某种程度上讲，副产石膏利用的环保压力推动了石膏行业的快速发展。

由滕朝晖、王文战、赵云龙主编的这本《工业副产石膏应用研究及问题解析》顺应时代要求和发展，且书中加入大量编者在工作中遇到的真实案例，专业性、实用性强，相信可以为广大从业者提供有力的帮助！

2020年2月5日，北京

前 言

工业副产石膏的政策环境、供应情况、原料品质、技术利用、产品质量、应用水平等一系列因素与石膏行业的发展休戚相关，决定了整个行业的发展。环境保护趋于严厉和排放企业面临的压力，促进了工业副产石膏应用步伐的加快，但在快速发展的同时，也面临许多问题：应用技术能否跟得上？产品质量能否得到保障？市场如何消化？政策能否到位？主要应用产品是哪些？等等。

本书针对上述问题和情况，对国内外工业副产石膏进行了深入而全面的分析，以期能够为业内同仁开拓思路，并提供解决实际困难的途径。本书主要有以下特点：

(1) 以真实项目为依托，以传统中小企业为对象，深入浅出、图文并茂地向读者介绍工业副产石膏综合利用的核心技术及注意事项。

(2) 引进行业最新案例、技术、方法，层次分明、框架清晰，具有较强的科学性和启发性。

(3) 注重实际应用，书中提供了大量编者在生产实践中的真实案例和经反复验证得到的试验结果。

本书在编写过程中得到了山西省建筑材料工业设计研究院院长温志强及副院长王计寿、山西省建材工业协会会长康建红、建筑材料工业技术情报研究所所长徐洛屹、山西中矿石膏规划设计研究院院长殷彤等业内专家的悉心指导和大力支持，在此向各位专家致以诚挚的谢意。

本书在编写过程中，参考并借鉴了许多相关教材及网络文献资料，在此向这些资料和信息资源的作者一并表示衷心的感谢。

限于编者学识，书中疏漏之处在所难免，敬请专家、学者及读者批评指正。

编 者

目　录

第一章　工业副产石膏概论

第一节　工业副产石膏与天然石膏的特性对比

石膏（$CaSO_4 \cdot 2H_2O$）的品位是其重要的性能指标。天然石膏的品位变化很大，通常在75%～90%范围。我们希望使用高品位的石膏，工业副产石膏与天然石膏中所含有的不纯物质对其在各领域的应用是相当有害的，尤其需要注意工业副产石膏杂质的种类和含量。

石膏的纯度可以用几种方法来检测，如差示扫描量热/热重量法（DSC/TGA）、X光荧光光度法（XRF）以及SO_3分析法。

工业副产石膏多为湿状，此种湿状石膏的游离水或表面水的含量一般为6%～25%，而天然石膏的游离水含量变化范围为0%～3%。一般情况下，制造纸面石膏板所用的工业副产石膏的掺量主要取决于工业副产石膏产品质量。工业副产石膏的游离水含量越高，其掺量也相应减少，因而游离水含量高的工业副产石膏的利用价值较低。这主要是由于热干燥受到限制，并给生产带来不便。例如，含水量高的工业副产石膏有较大的黏附性，易在运输带上积聚和堆积，造成进料故障。

天然石膏与工业副产石膏的游离水含量可用简易的烘干失重法（按ASTM C471）及热与含水量的平衡法来测定。

不纯物的类别与含量对评估工业副产石膏与天然石膏的使用有很大影响。不纯物包括：

（1）残余的碳酸盐

在很多工业副产石膏中，未反应的石灰石（$CaCO_3$、$MgCO_3$）是主要的不纯物。石灰石也是天然石膏中普遍存在的不纯物，但石灰石在反应过程中始终保持其化学惰性。石灰石的硬度为3～4莫氏值，大于石膏的硬度（1.6～2莫氏值），当石灰石含量较高时会加剧对石膏板生产设备的磨损。

石灰石含量的测定可用钙与镁氧化物的XRF分析法并结合用库仑电量滴定法测二氧化碳的含量。另外，可用DSC扫描法测一氧化碳的含量。

（2）粉煤灰

不同来源的燃料（如不同品种的燃煤），因化学变动性大会影响石膏中粉煤灰的含量，而粉煤灰含量会影响纸面石膏板制造过程中护面纸与石膏芯材的粘结，且粉煤灰的化学成分也可使石膏在硬化过程中出现问题，粉煤灰中存在的氧化硅与铁还会增加对生产设备的磨损。

应引起重视的是粉煤灰中微量元素的含量，这将涉及其应用领域问题。下面还将讨论微量元素及其分析方法。

用扫描电子显微镜可容易地检测粉煤灰含量，通过图像分析可估算石膏中粉煤灰的含量。用烟气脱硫装置与灰尘收集系统的质量平衡法也可计算出工业副产石膏中粉煤灰的含量。图 1-1 所示为工业副产石膏样品中粉煤灰不纯物的扫描电子显微镜照相。

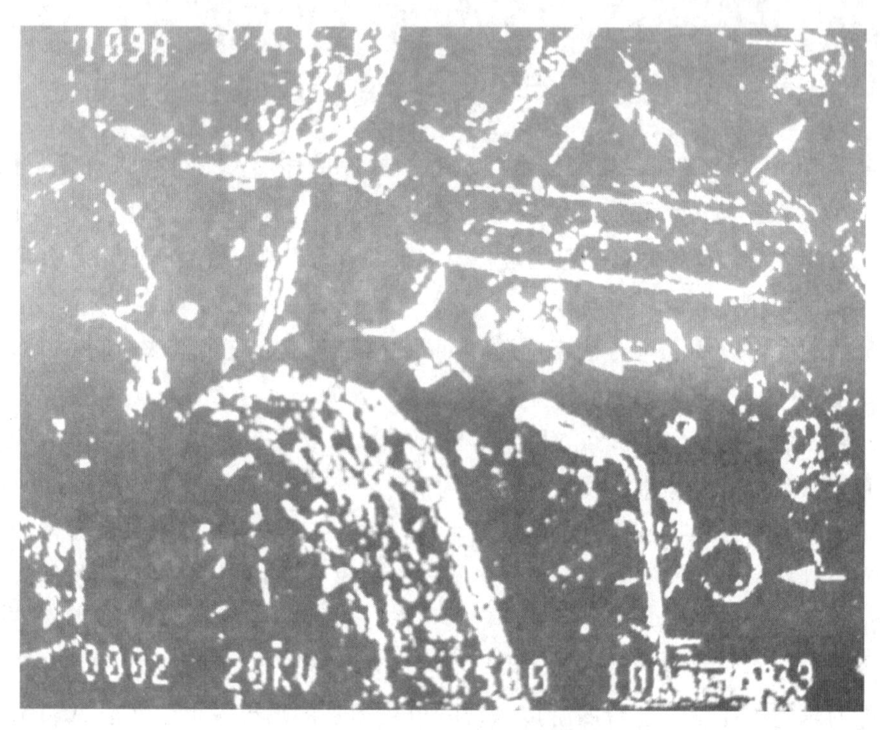

图 1-1　工业副产石膏样品中粉煤灰不纯物的扫描电子显微镜照相

（3）氧化硅

根据工业加工的反应过程，氧化硅是应予重视的不纯物。氧化硅普遍存在于天然石膏与工业副产石膏中，以及黏土与粉煤灰的部分组成物或者是不纯的石英中。

当石膏中存在含量较高且可被吸入的粒径为 0～4μm 的氧化硅时，就有可能引起其他方面的问题。

晶态的氧化硅或石英是一种非常硬的物质（莫氏硬度值为 7），即使其在石膏中的含量较低（1%～2%）也会导致石膏加工设备的加速磨损。

无定形氧化硅也包含在多种黏土中，黏土会造成石膏基流动性砂浆的需水量增加等负面影响。

氧化硅可用 XRF 法做定量检测。X 光衍射分析可用于鉴别氧化硅形态（晶态或无定形态）。此外，美国材料试验协会编制的 ASTM C471 可用湿化学法测定氧化硅与其他不溶性物质。

【例如：亚硫酸钙（$CaSO_3 \cdot \frac{1}{2}H_2O$）】

烟气脱硫系统可设计成产生非氧化的石膏或亚硫酸钙产生二水硫酸钙。亚硫酸钙的形成引起研究者的极大关注。这是因为亚硫酸钙会在生产石膏板中结块，且细小的亚硫酸钙粒子会使石膏不易洗涤与脱水，因此亚硫酸钙是任何石膏中均不希望存在的不纯物。

用热分析法可检测含量为0.1%以上的亚硫酸钙。滴定法被认为是一种较好的测定亚硫酸化合物的方法，在EPRI法中列出滴定测试方法。

（4）可溶性盐

可溶性盐是影响石膏板等建筑材料物理性能的较为重要的因素之一，在天然石膏与不同品种的工业副产石膏中，可溶性盐是常见的不纯物。在开采天然石膏矿时，往往夹杂着高盐含量的矿层。在天然石膏与某些人造石膏中常存在氯化物盐。此外，在某些工业副产石膏中最终会形成镁盐，镁主要来自中和废酸用的石灰石以及脱硫系统。

例如，在石膏板厂的搅拌机中，煅烧的石膏（半水石膏）与水和其他添加剂一起混合时，可溶性盐很容易进入溶液。石膏板在窑内干燥时，可溶性盐会进入护面纸与石膏芯材的交界面，从而干扰纸与石膏芯材的粘贴。由于盐有很强的保水性，水分会沉积在石膏板的临界粘结表面上。装饰纸面石膏板墙由于嵌缝胶与贴墙纸含有水分，可导致护面纸与石膏芯材脱离。

石膏中可溶性盐镁、钾、钠、氯离子可用几种方法来分析测定：原子吸收法用于镁的测定；原子发射法用于钾和钠的测定；离子选择电极法用于氯化物的测定，该法也适用于钾和钠的测定。

表1-1列举了某一工业副产石膏样品中有代表性的可溶性盐的分析结果。可溶性盐的总量是基于数学重构法得出的，在该法中使用了离子的理论溶解度进行计算。表中还列出了某一天然石膏样品所含可溶性盐的分析结果供对比。

表1-1 石膏样品中可溶性盐的检测结果

可溶性盐（ppm）	工业副产石膏	天然石膏
钾	1	13
钠	7	15
镁	26	29
氯	32	23
数学重构		
KCl	2	24
NaCl	17	19
$MgCl_2$	27	0

续表

可溶性盐（ppm）	工业副产石膏	天然石膏
$CaCl_2$	0	0
K_2SO_4	0	0
Na_2SO_4	0	23
$MgSO_4$	94	143
总量	140	209
当量（kg/t）	0.127	0.19

（5）微量元素

根据工业卫生方面的要求，应检测天然石膏与人造石膏中的微量元素，通常要检测的微量元素有镉、铬、镍、钴、铜、铅、锡、钼、氟、砷、锑、汞、硒与钒。微量元素是不希望有的不纯物，它们是粉煤灰中的污染物，会增加对石膏板生产装备的磨损。微量元素普遍存在于石膏、石灰石等天然矿物中。

可用几种方法来检测微量元素，包括原子吸收/发射法（使用石墨电炉）、湿化学法、感应耦合等离子法及 XRF 法。

（6）有机不纯物

虽然在工业副产石膏规范中未列入有机不纯物，但即使存在微量的有机不纯物，仍会对石膏板的生产有很大影响，所以，人们不希望石膏中存在有机不纯物。在石膏板硬化过程中可观察到，天然石膏与工业副产石膏中所含有的有机不纯物对半水石膏水化的不利影响。这些有机不纯物可使半水石膏的水化时间明显延长，因而使石膏板生产线的运行速率下降，产量相应降低。同时有机不纯物不利于石膏晶体的生长和强度的发展（会造成石膏工程应用问题）。

工业副产石膏中的残余有机不纯物主要来自起中和作用的废酸，例如柠檬酸或乳酸，这些有机不纯物可显著延缓石膏浆体的水化。

可用几种方法来检测有机不纯物，包括库仑电量滴定法、红外线光谱法、核磁共振法与高性能液体色谱法。

尽管天然石膏与工业副产石膏的主要化学成分相同，但是两者的物理性能存在明显的差异。有研究表明用辊磨磨制的天然石膏熟石膏粉，与大多数工业副产石膏制成的熟石膏粉在颗粒尺寸与外形方面有很大差异。

① 颗粒尺寸

大多数工业副产石膏是在剧烈搅拌下，在石膏形成的过饱和溶液中生成的。在此种条件下沉淀出来的石膏颗粒尺寸与外形都是相当均匀的，其尺寸与外形主要取决于装备的工艺操作。工业副产石膏较普遍的粒径尺寸中值为 35～45μm。

多数工业副产石膏具有狭窄的或集中的粒径尺寸分布。通常用辊磨制得的天然石膏的颗粒尺寸分布较广。图 1-2 所示为 FGD 石膏（工业副产石膏）与天然石膏的 SEM 照相。图 1-3 所示为天然石膏与 FGD 石膏的颗粒尺寸分布对比。

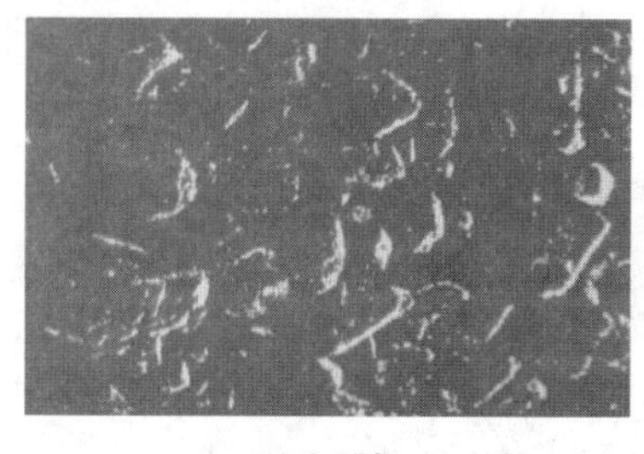
FGD石膏

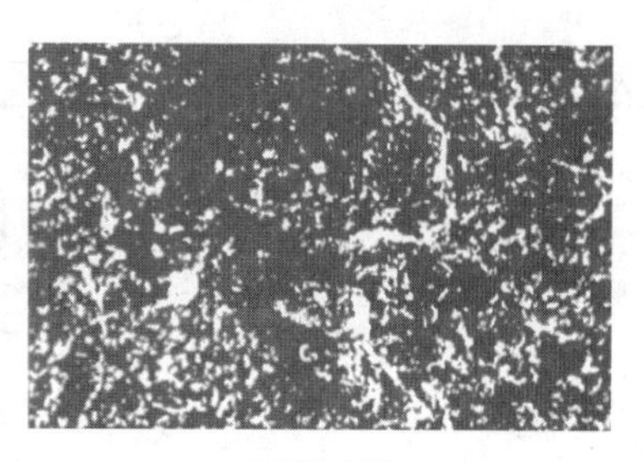
天然石膏

图 1-2 FGD 石膏与天然石膏的 SEM 照相

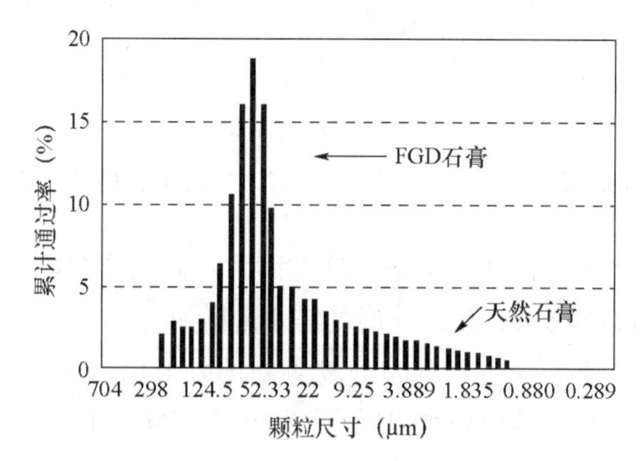

图 1-3 天然石膏与 FGD 石膏颗粒分布对比

制造纸面石膏板适宜使用具有大的平均粒径尺寸（中值为 40～60μm）的人造石膏，因为颗粒尺寸大，比表面积小，有利于脱水，而人造石膏的游离水含量低可降低纸面石膏板烘干所耗成本。同时，通过脱水可降低人造石膏的游离水含量，也可降低其中水溶性不纯物的含量。

一般情况下，工业副产石膏的脱水性差，具有高含量的表面水与大的比表面积。此外，在用此类石膏制造纸面石膏板时会增加原料处理的难度，及增加连续浇注工艺用水的消耗量，因而导致石膏板烘干过程中热耗量的增大。

因此，工业副产石膏供应商最好能采用颗粒易于脱水的石膏生产系统。尽管石膏板生产工艺上有一定的难度，但仍然希望使用大颗粒的人造石膏（因有利于脱水）。

可用激光扫描法或沉降法来测定石膏的颗粒尺寸，这两种方法所得出的结果往往是不一致的。图 1-4 同时绘出天然石膏与人造石膏的激光扫描法与沉降法所得出的颗粒尺寸分布曲线，通过两种测定法的对比，可知激光扫描法所得平均颗粒尺寸大于沉降法。

比表面积是度量粉体细度的另一种方法，普遍采用勃莱恩表面积测试法及费歇亚筛粒度测定仪。经辊磨的天然石膏的比表面积值通常为 2000～3000cm^2/g，制造纸面石膏板专用的工业副产石膏的比表面积值一般在 1000cm^2/g 以下。

② 外形比

一般认为石膏颗粒的外形比（即颗粒的长度与当量直径之比）为 10∶1～20∶1。

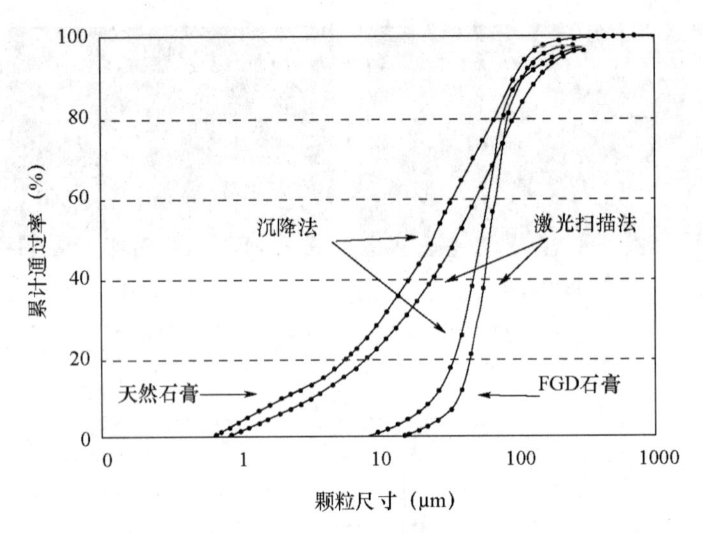

图 1-4　表征天然石膏与 FGD 石膏颗粒分布的激光扫描图与沉降图对比

通常认为外形比与针状石膏晶体有关联。这是因为石膏颗粒在煅烧后仍然保持其外形，高外形比的颗粒使得石膏板在结块硬化时的需水量增加。

石膏生产商应当关注所生产的人造石膏颗粒的外形比，因这涉及其产品的使用情况。针状石膏颗粒比块状石膏颗粒难以脱水，因而在相同的工艺条件下，高外形比的石膏颗粒保持较多的表面游离水和水溶性不纯物。

值得注意的是，天然石膏的外形比一般是 1∶1，用扫描电子显微镜很容易确定石膏颗粒的外形。

③ 体积密度

由于工业副产石膏的颗粒尺寸范围较窄，体积密度因而也较大。如在购买石膏时未仔细察看，较高体积密度的工业副产石膏，会使石膏板制造商在运送系统中遇到困难。天然石膏的松散体积密度约为 800kg/m^2，而工业副产石膏的体积密度在 640～1120kg/m^3 范围内。表 1-2 所示为天然石膏与工业副产石膏的体积密度。

表 1-2　石膏的体积密度

石膏品种	天然石膏	工业副产石膏 1 号	工业副产石膏 2 号	工业副产石膏 3 号	工业副产石膏 4 号
松散体积密度（kg/m^3）	800	1200	720	850	990

第二节　工业副产石膏（磷石膏）的无害化处理

磷石膏是湿法磷酸工艺过程的副产物，是磷复肥生产企业产生的主要固体废物，磷石膏的产生量与磷复肥的产生量呈正相关。2018 年，全国磷肥产量前五省份是湖北、云南、贵州、四川、安徽，见表1-3、表1-4。

表1-3　2018年全国磷肥产量各省前五名排名（单位：万 t/P_2O_5）

排名	省	2018年产量	同比（%）	占比（%）
	总计	1696.3	−0.9	100.0
	小计	1453.1	−0.3	85.7
1	湖北	583.0	−1.0	34.4
2	云南	413.1	5.7	24.4
3	贵州	261.4	3.9	15.4
4	四川	115.9	−0.7	6.8
5	安徽	79.7	−27.5	4.7

表1-4　2018年全国磷肥生产企业折纯产量前10排名

排名	企业名称
	总计：1696.3
	小计：1073.7
1	云天化集团
2	贵州开磷控股（集团）有限责任公司
3	瓮福（集团）有限责任公司
4	湖北新洋丰肥业股份有限公司
5	湖北祥云（集团）化工股份有限公司
6	湖北宜化集团有限责任公司
7	云南祥丰化肥股份有限公司
8	铜陵化学工业集团有限公司
9	湖北三宁化工股份有限公司
10	安徽斯特尔肥业股份有限公司

（以上数据来源于中国磷肥工业协会）

“十三五”期间我国磷石膏的年产量为80～85Mt，约占全球总量的40%，结合笔者的实际调研和文献查询，由于磷石膏产量大、地域集中于中西部地区、综合利用产品效益不高、前期综合利用政策较为宽松等原因，导致我国磷石膏的综合利用率较低，不到35%（数据来源：“论磷石膏的综合利用现状及发展方向”），磷石膏堆存量巨大，有的地区曾出现因磷石膏堆存不当引起水体污染的恶劣事件。

磷石膏的综合利用主要有以下技术：

1. 磷石膏制建材石膏

磷石膏代替天然石膏用作建筑材料是磷石膏早期综合利用的发展方向，如制备石膏板、石膏砌块、石膏腻子等。但是磷石膏相较于天然石膏和电厂脱硫石膏在成本和质量上没有优势，因此磷石膏制备建材石膏的市场反响一般，同时受到地理位置制约和电厂脱硫石膏的双重冲击，近年来磷石膏建材市场日渐萎缩。

2. 磷石膏制硫酸联产水泥

磷石膏中的主要元素是硫和钙，通过反应生成硫酸和水泥熟料的技术在 1915 年的德国开始研究。20 世纪 90 年代后，随着国内磷化工业的迅猛发展，磷石膏制硫酸联产水泥的工艺技术也被越来越多的科研院校和磷化工企业研究和实践。

3. 磷石膏制缓释性硫酸铵肥料

磷石膏制备粒状硫酸铵的工业化装置已经在贵州成功开始运行。磷石膏制缓释性硫酸铵肥料实现了磷石膏的高值利用。

第三节　工业副产石膏煅烧线

“十三五”以来，我国政府大力推进资源综合利用和节能减排，发展循环经济和低碳经济，建设资源节约型、环境友好型社会，资源综合利用产业逐步走上快速发展轨道。我国也将资源综合利用作为一项重大的政策推进。近几年，在国家有关法规和政策的支持下，工业副产石膏的处理技术不断创新，资源利用途径更加明确，利用规模不断扩大，技术水平逐步提高，一批具有自主知识产权的技术和装备得到大力推广应用，取得了较好的经济效益、社会效益和环境效益。

电力、化工工业是资源、能源消耗大户行业，在生产过程中产生大量的工业副产石膏。随着电力、化学工业的快速发展，工业副产石膏的数量随之增加：2018 年，我国工业副产石膏产生量约 1.18 亿 t，其中脱硫石膏 3500 万 t，磷石膏 5000 万 t；2018 年工业副产石膏堆积存量已过 10 亿 t。工业副产石膏大量堆存，既占用土地，又浪费资源，含有的酸性及其他有害物质易对周边环境造成污染，现已经成为制约我国燃煤机组烟气脱硫和磷肥企业可持续发展的重要障碍。工业副产石膏的综合利用业走循环经济道路，成为实现可持续发展的重要途径之一。

工业副产石膏的主要成分是二水硫酸钙，其分子式中有两个结晶水，实际使用时需脱去 1 个半结晶水使其生成半水硫酸钙，这个过程就是石膏的煅烧。经过煅烧后的石膏具有胶凝性质，成为能够在建筑行业广泛使用的建筑石膏。建筑石膏的煅烧设备种类繁多，其生产工艺也随煅烧设备的不同而不同。如按加热方式的不同可分为间接加热和直接加热；按脱水方式可分为一步法和二步法；按脱水煅烧速度可分为快速脱水煅烧和慢速脱水煅烧；按进出料方式可分为间歇出料和连续出料等。煅烧设备则有炒锅沸腾炉、气流煅烧机、沙司基打磨、斯德煅烧炉、彼特磨、回转窑等，这些煅烧设备各具特色，也各有优势和不足。

美、日以及欧洲的一些国家都非常重视工业副产石膏的综合利用，现在已形成较为完善的研究、开发、应用体系。建筑石膏的生产采用干法煅烧石膏工艺，其种类繁多。总的来讲，煅烧工艺是按间歇出料到连续出料、间接加热到直接加热、慢速脱水和快速脱水并举的趋势发展。因国情不同，各国对石膏煅烧设备的选择也不尽相同，美国 20 世纪 90 年代以前以炒锅为主，为满足纸面石膏板市场快速发展的需要，20 世纪 90 年代后，其50%生产线改成了以彼特磨为主的快速煅烧设备；英国以炒锅及改进炒锅为主要设备；德国以炒锅、回转窑、煅烧体彼特磨等为主要设备；日本以炒锅、回转窑及蒸汽间接回转窑等为主要设备，近年发展了沸腾炉煅烧。总体水平上，国外的煅烧设备生产规模大，机械化和自动化程度高，能耗较低，煅烧产品质量稳定，其中日本、德国的利用率最高，其使用工业副产石膏已有30多年的历史，脱硫石膏利用率接近100%。

国内现有的大型石膏制品企业，有采用进口的大型连续炒锅、彼特磨气流式煅烧磨和蒸汽间接回转窑等设备。而小型企业多使用内、外烧回转窑间歇或连续炒锅、沸腾炉等，常用以气流干燥加连续炒锅或沸腾炉为主的方式，其工艺复杂，热损失大，能耗较高。近年，另有一些斯德煅烧炉混合式旋管煅烧窑、FG分室煅烧窑等新型煅烧方式出现，一般年产5万t～20万t的规模。

传统直热式回转煅烧窑由于设备结构简单，效率高，已成功应用于水泥和石灰工业的煅烧工序，但是在煅烧石膏，特别是煅烧工业副产石膏时由于需先脱除较高的石膏外表水后再脱去一个半结晶水，在原料水分和石膏成分波动较大时，很难在窑内一次性完成脱水和煅烧，往往需要先进行外表水的烘干，使外表水达到一个稳定的数值后再入窑煅烧以脱去结晶水，这就是二步法煅烧。二步法煅烧的优点是脱水和煅烧在不同的设备内完成，因而控制方便，生产相对稳定，产品质量较有保证。但由于脱去外表水需要单独的烘干设备，以及进出料和中间储存系统，使得工艺变得复杂，热损失增大，能耗增加。因此开发出具有良好操控性的集二步法和一步法优势于一身的新型直热式回转煅烧窑来煅烧建筑石膏具有重要的意义，随着行业内工程技术人员的不断关注，在不久的将来，新型煅烧设备会有新的突破。

在处理脱硫石膏与磷石膏生产“建筑石膏”过程中，因磷石膏品质比脱硫石膏品质纯度低，生产过程中杂质较多，处理难度也较大，因此，以处理磷石膏为例讲述磷石膏生产“建筑石膏”工艺过程，对工业副产石膏生产“建筑石膏”具有代表性。

1. 原料预处理

工业副产石膏预处理工作尤为重要，磷矿石品质的差异、生产原料参数的变化、堆放时间和取料的变化，都会引起进料品质的不均匀，进而导致煅烧石膏成品的不稳定。因此，磷石膏原料煅烧前必须进行预处理，处理的好坏对生产“建筑石膏”的质量起关键作用。其主要从以下三个方面进行控制：①对堆积原料进行多点取样分析，根据分析结果搭配取料，混合使用，以保证原料水分及成分的预均衡性；②磷石膏生产工艺不同和上游工艺参数的波动，导致磷石膏残留磷酸不同，对于pH值为5的磷石膏应加一定量的改性剂，充分拌和后再做原料使用。③刚生产出的新磷石膏因矿石品质的波动，导致批次磷石膏品质波动，不同批次应做好记录，搭配均匀或采用自动均化堆场。磷石膏含水量的波动对煅烧工艺影响最大，在新老石膏混合搭配生产时，最好使用均化堆场进行预均化处理。

2. 烘干、煅烧、改性

通常磷石膏含水量包括10%～25%附着水、16%～18%化合水，烘干煅烧能耗远高于天然石膏，因此如何降低工业副产石膏煅烧能耗一直是行业研究的课题，将高温热烟气与石膏直接接触是降低能耗、提高效率的最佳方法。此方法集对流辐射、传导多种方式于一体，煅烧燃料可采用煤油、气、各种尾气余热等。石膏煅烧温度需达到200℃，国内主要以煤为燃料，采用沸腾炉供热。比如，悬鸣汇森生产的沸腾炉加设了高温烟气净化装置，可有效减少进入物料中粉料含量，供热燃尽率达99%，热效率≥95%，烟气林格曼黑度1级，在燃烧炉内固硫可达60%以上，二次燃尽后为煅烧窑提供300～800℃的净化烟气，不会影响成品白度。

由于煅烧工序是在高温、高湿条件下完成，以至在$CaSO_4$含量大于80%时熟石膏2h抗折均可达到2.5MPa以上，且可溶磷减少83%，可溶氟减少75%，大大降低了腐蚀性，提升了产品品质。

磷石膏中常含少量未磨碎的磷矿石，又因长期野外堆放常混入石块、煤粒、沙粒、泥、垃圾等，并伴有结块，导致烘干前这些杂质粘在湿状态磷石膏中无法分筛烘干，这些杂质若不分离，磨入石膏则会严重影响石膏品质，此外，结块的磷石膏无法保证煅烧的均匀性。因此烘干粉碎分筛煅烧窑在磷石膏入窑烘干到最佳粉碎工段设计了一组“柔性粉碎装置”（此装置只能粉碎结块，不能粉碎其他杂质）。烘干工序完成后，在窑内还设有分筛装置，将物料中粗颗粒物料分离出来，粗颗粒由窑中部出料，将所有杂质分离出窑外处理，将不含杂质的石膏输送煅烧窑进行煅烧。

但是煅烧完成后的磷石膏颗粒结构基本未变，颗粒度仍比较集中，流动比较差，强度不够，白度差，必须进行改性，我们在不增加任何能量的情况下，采用同体式煅烧窑内部加装改性粉磨装置，可使熟石膏性能有重大改善，强度提高0.6MPa以上，白度大幅度提高，比表面积至少提高$1000cm^2/g$，级配合理。

一步法直热式煅烧窑将烘干、粉碎、分筛、煅烧、粉磨改性五个工序在窑内按序进行，同时窑内石膏煅烧温度、时间、风量可在线实时检测，所有措施在可控情况下，窑尾温度控制为130～140℃。初终凝时间稳定，半水石膏相可达到80%以上。

3. 成品冷却再均化

磷石膏在窑内受热脱水，由于操作工况的差异，还会产生品质上的波动，为使成品质量稳定，在窑后采用一套均化冷却装置，能使成品半水石膏相达到90%，二水和无水石膏总含量小于10%，这样成品的2h抗折强度、初终凝时间等性能达到更高水平。

第四节　磷石膏的应用现状

目前磷石膏的排放量和积存量巨大，据介绍，每生产1t磷酸产生4.8～5.5t磷石膏，全世界磷石膏的年排放量超过10亿t，我国年排放量已超过3亿t，但利用率还不足总量的10%。磷石膏在水泥生产中应用较多的就是生产缓凝剂，而在实际生产中对其进一步的研究和应用相对较少。本书结合相关的文献和实践，从改善高强度等级水泥

（P·O 52.5R）与外加剂的相容性方面提出了试验和研究思路，以供同行参考。

1. 磷石膏在水泥工业中的利用现状

磷石膏含有对水泥性能有不利影响的多种杂质，所以在水泥中的应用也受到很大限制。目前利用较多的就是将磷石膏进行改性用作缓凝剂生产缓凝水泥，另外在生料配料中作为矿化剂掺入改善烧成状况、用磷石膏制硫酸并联产水泥。

（1）做缓凝剂生产水泥

用改性磷石膏做缓凝剂生产缓凝水泥技术，目前研究和应用方面的资料较多，但所生产的缓凝水泥的性能不尽相同。有人认为磷石膏不影响水泥3d的强度；也有人认为磷石膏会使3d和7d强度降低，而对28d强度没有明显影响；还有人认为磷石膏不但不会降低水泥强度，而且应用磷石膏的水泥后期强度还比用天然石膏的水泥强度高。用磷石膏生产的缓凝P·O 42.5水泥，其强度与相同混合材掺量的普通P·O 42.5水泥相比，1d强度降低，而3d和28d的抗压强度均有不同程度的提高。存在这些差别的原因可能是所用磷石膏中的P_2O_5、F^-和其他杂质等微量组分含量存在差异。

目前，磷石膏主要用于缓凝水泥的生产。通过对2018年1—4月份大磨生产缓凝P·O 42.5水泥和一般P·O 42.5水泥性能进行统计对比分析可知，用磷石膏生产的缓凝水泥的混合材掺加量还可增加3%～6%，而强度仍能达到P·O 42.5等级的要求，3d到28d抗压强度的增长值比普通水泥至少高出2MPa以上。

（2）做矿化剂、制硫酸并联产水泥

这两种利用方式均是将磷石膏作为生料配料的一部分进行高温煅烧，只是作为矿化剂用途的磷石膏掺量要小得多。

磷石膏制硫酸并联产水泥的工艺，是将磷石膏经干燥脱水，按水泥配料要求，与焦炭、黏土、砂子等进行配料，在中空回转窑内煅烧形成水泥熟料，窑气中的SO_2经转化、吸收后制得硫酸。由于水泥生产中磷石膏的热分解特性与石灰石的分解特性存在较大差距，磷石膏的分解温度无论是否有还原气体皆高于1200℃，完全分解温度要达到1300℃左右，与预分解炉内900℃左右的温度差别较大；加之水泥生料的预热和分解及部分熟料矿物的形成要求在预热器和分解炉内完成，窑内主要完成熟料烧成任务，而磷石膏的分解温度要高于预热器和分解炉的温度，若用新型干法工艺分解磷石膏，在实际生产中除极易产生结皮堵塞外，生料在预热器和分解炉内可能无法实现比较高的分解率，这样势必增加窑的热负荷，不符合新型干法技术的要求。这是新型干法工艺不考虑用磷石膏做矿化剂的主要原因。

2. 用于其他品种水泥生产的可行性探讨

（1）用于复合水泥的设想

考虑到磷石膏在其他品种水泥中使用（缓凝水泥除外）时对水泥性能的不良影响尚不明确，而且研究报道也不多，故可考虑能否先在最低强度等级的复合水泥中使用。

① 成本分析（与脱硫石膏比较）

在西北仅有一家改性磷石膏（球状）加工生产厂，年产量在30万t左右，出厂价每吨60元，且产品比较紧俏；而陕西脱硫石膏年产量在100万t左右，出厂价在每吨40元以下，且货源较广。从成本对比来看，如果只是为了起到调节凝结时间的作用，则使用磷石膏生产复合水泥是不经济的。

② 对凝结时间的影响会制约混合材的掺加量

复合水泥因为本身混合材掺加量较高（总掺量在35%以上），并且成分复杂，有石灰石、粉煤灰、建筑垃圾、矿渣、页岩和尾矿等，而且细度是所有水泥品种中最粗的，其结果是延长了水泥的凝结时间，鉴于上述情况，如果再加入磷石膏，在细度等控制指标不变的情况下，则凝结时间可能会延长更多、早期强度会降低更大，从而可能会影响混合材的掺加量。

根据上述分析，在脱硫石膏和天然石膏供应不紧张的情况下，用磷石膏生产复合水泥不可取。

（2）用于P·O 52.5R水泥生产的设想

关于使用磷石膏会导致水泥早期强度偏低和凝结时间偏长的问题，有关资料中提及的解决方法是通过降低水泥细度（筛余）来提高水泥早期强度和缩短凝结时间，但同时以牺牲部分台时产量为代价。而P·O 52.5R水泥本身细度就比较细，加入磷石膏后凝结时间即使延长，也会因水泥细度较细而受到一定的抑制。

目前，大多数水泥企业在高强度等级水泥（P·O 52.5R）生产中面临比较棘手的问题就是水泥细度细、颗粒分布较窄而导致与外加剂的相容性较差，从而导致用户投诉较多，有时甚至很难解决。受到文献的启发，由于磷石膏具有缓凝作用，可考虑在P·O 52.5R水泥生产中将磷石膏和脱硫石膏以适当的比例复合，或者全部用磷石膏做缓凝剂，看能否改善水泥与外加剂的相容性，通过试验确定合适的磷石膏掺量、外加剂种类及掺量。这为解决目前普遍存在的高强度等级水泥（P·O 52.5和P·O 52.5R）与外加剂相容性较差问题提供了新的研究思路。

（3）使用磷石膏还应该考虑的一些问题

① P_2O_5和F^-的含量

进行研究时必须考虑磷石膏中P_2O_5（分易溶性和不溶性两种）和F^-的含量对水泥性能的影响，探索合适的P_2O_5和F^-含量，来改善水泥与外加剂的相容性。

② 关于放射性元素的测定

磷石膏中的放射性元素主要是指镭Ra226，由于Ra226在衰变过程中产生放射性气体氡，会从建材产品中析出扩散到室内，人体吸入一定量的氡气后，对支气管基底细胞和肺区上皮造成内照射，导致人体产生肿瘤和癌症甚至死亡。在改性过程中通过水洗或加热等物理或化学方法，几乎不可能除去磷石膏中的镭元素。所以对水泥中加入的磷石膏进行放射性检测是很有必要的。

磷石膏在水泥工业中的应用主要是做缓凝剂生产缓凝水泥。对磷石膏用于P·O 52.5R高强度等级水泥的生产以改善水泥与外加剂的相容性进行了探讨，认为此项研究具有一定的可行性。

磷石膏是磷肥工业的固体废弃物，而磷酸是磷肥工业的基础。湿法磷酸生产工艺都是通过硫酸分解磷矿粉生产萃取料浆，然后过滤洗涤制得磷酸，在过滤洗涤的过程中产生磷石膏废弃物。一般每生产 1t 磷酸产生 4.5～5.5t 磷石膏，每生产 1t 磷酸二铵排放 2.5～5t 磷石膏。磷石膏一般呈粉状，外观一般是灰白、灰、灰黄、浅黄、浅绿等颜色，还含有少量的有机磷、硫、氟类化合物，主要成分为二水硫酸钙（$CaSO_4 \cdot 2H_2O$），含量一般可达到 70%～90%，其中所含的次要成分随磷矿石产地不同而异，成分较复杂，一般都是含有岩石成分 Ca、Mg 的磷酸盐及硅酸盐。

据报道，2018 年，我国磷石膏产生量约 9000 万 t，累计堆存量 2 亿 t 以上，是石膏废渣中排量最大的一种，排出的磷石膏渣占用大量土地形成渣山，严重污染环境、污染水源，已经成为制约我国磷肥企业可持续发展的重要障碍。

3. 磷石膏特性

磷石膏由于产生途径不同，其成分、颜色、物理性能、杂质含量、杂质种类等因其工艺不同而有所不同，但作为人工合成的以二水硫酸钙为主要成分的工业副产品，都有以下共同特性：

① 磷石膏大多有较高的附着水，呈浆体状或湿渣排出，一般其附着水的含量为 20%～40%，个别的甚至更高。

② 磷石膏粒径较细，一般为 5～300μm，生产石膏粉时，可节省破碎、粉磨等工艺，但同时会产生大量的粉尘，增加除尘的费用。

③ 磷石膏一般所含成分较复杂，有些成分含量很少，但对石膏水化硬化性能有很大影响，给磷石膏的有效利用带来不小的困难。

④ 磷石膏产生量大，堆存量大，如能有效利用，不仅可降低环境压力、减少天然石膏的利用，还能产生可观的经济效益。

⑤ 磷石膏中有效成分二水硫酸钙的含量一般都较高，可达 70%～90%，相当于三级以上石膏的有效成分含量，如能采用合适的技术和设备消除其中有害成分的影响，磷石膏就会成为一种低价、高品位、环保的优质生产原料。

（1）磷石膏资源化利用的必要性

据有关资料统计，我国已探明天然石膏矿石的总储量约为 570 亿 t，其中仅有 8% 为优质石膏（主要指 $CaSO_4 \cdot 2H_2O$ 含量大于 90%的特级及一级石膏）资源，低品位矿石及硬石膏的含量相对较大，且我国石膏矿的分布很不均匀，很多地区没有石膏资源。随着近年来市场的急剧拓展，需求量的不断扩大，对石膏资源的消耗增长很快，同时，对于资源的浪费也极为严重。由于我国目前的主导开采生产模式为乡镇小矿，在技术力量、设备水平、生产能力、管理水平等方面都比较落后，属原始的掠夺式开采，致使资源不能得到合理的开采、有效的利用。我国每年各类石膏的消耗总量近亿吨，大多为天然石膏资源，而且地下开采的石膏占很大部分，开采成本高，加大了原料成本，而我国每年产生大量的磷石膏，仍在采用买地堆放的方式处理，占用土地、影响环境、占用资金、浪费资源，因此，磷石膏这种具有优质二水石膏特性的工业废弃物的资源化利用，有着极为重要的社会效益和环保效益，对于相关企业的可持续发展和对有限的天然石膏矿资源的保护及有效利用有很重要的意义。

近年来，随着我国经济的飞速发展，环境保护要求日益提高，各种环保法制法规持续健全和加强，它们对各类工业企业生产排放污染物的指标均做了较严格的限制，执法和检查力度也在逐步加强，大量堆积的磷石膏如何有效利用已成为我国乃至世界范围内一个迫在眉睫的问题，而目前所采用的“堆放”处理方式，不仅占用大量土地，而且污染环境，不能满足环保要求，处理费用也很高，给企业造成很大的压力。因此，无论从企业的生存发展、环境保护，还是从资源保护和磷石膏的综合开发利用方面，磷石膏的资源化利用都是大势所趋。

（2）磷石膏资源化利用的可行性

要解决磷石膏的利用问题，根本出路在于将其开发处理为具有较大市场容量、较好经济效益的各种原材料或产制品，把磷石膏作为一种资源，进行科学系列化的研究，走可持续发展的道路，才能真正做到变废为宝，变害为利。

随着当前建筑节能和墙体改革形势的变化，急需新型的节能环保型墙体材料，同时，生态建筑和绿色建材的概念也日益为人们所接受，以石膏为主体的功能型新型绿色环保建材逐渐受到建筑业的青睐。目前市场上的石膏产品种类繁多，且大多具有较好的经济效益，因此，如何利用磷石膏自身的特性，采用切实可行的工艺方法，将之处理成各种石膏建材产品，使之资源化、市场化，是解决其综合利用及满足环境保护要求的最有效途径之一。

4. 磷石膏的处理方式及应用领域

（1）磷石膏的处理方式

磷石膏中有害杂质的存在，造成磷石膏基材料凝结时间延长，制品结构疏松，强度降低，且容易使建筑构件和生产设备受到腐蚀，制约了磷石膏作为建筑材料的应用范围，因此，消除上述有害杂质对磷石膏使用性能的影响，是磷石膏资源化利用的关键。目前，主要是通过调节 pH 值、中和、水洗、筛分等方法进行预处理，以除去或降低其各种有害杂质含量，使其成为能够利用的二次资源。水洗法、浮选法、石灰中和法、湿筛旋流法、筛分法等，都是先进行预处理，再进行脱水等后续工序，生产工艺复杂，且生产线投资大，造成二次污染，如设备容易被腐蚀，生石灰的应用使生产成本增大。筛分法取决于其中的杂质分布与颗粒级配，只有当杂质分布严重不均，该工艺才能有效减少杂质的影响，且工艺复杂，处理量小，需与其他工艺配合使用，使投资量增大，存在能耗高，不同程度的二次污染，附加值低的缺点。针对这些缺点，宁夏石膏设计研究院利用自主开发的旋管煅烧窑及其配套设备，不需对原料预处理即可直接利用脱水制度将其转化为不溶性盐，以避免二次污染，简化工艺，节约成本。

（2）磷石膏的应用领域

磷石膏的处理和利用虽然是我国乃至世界性的难题，同时是企业界、科技界研究的热点，在不断研究开发过程中产生了诸如生产硫酸联产水泥、石膏建材、肥料等有代表性的技术，推动了磷石膏资源化的技术进步。目前，国内外磷石膏用途如下：

① 建材方面的应用

磷石膏作为建筑石膏的原料可用于生产建筑用胶凝材料。磷石膏经适当净化处理后，脱水成半水硫酸钙，可制墙板、石膏粉、石膏板、加压石膏纤维板、建筑标准砖、陶瓷装饰材料、水泥添加剂等，也可制作石膏基导电、磁性材料、隔热材料、矿山填充剂等。

② 农业方面的应用

试验表明，磷石膏可以改良盐碱地，作为土壤调理剂与碱性土壤中的可溶性盐反应生成不溶性盐和中性盐，可以抵消盐碱土中钠离子的不利影响，改善黏土的渗透性和降低土壤碱度，使土壤易于耕作。磷石膏含有丰富的硫、钙等营养，可以被植物吸收利用。如将磷石膏加入尿素或碳酸氢铵制成长效氮肥，可减少氮的挥发，提高氮肥利用率，磷石膏还含有磷、钙、硅等营养元素。此外，利用磷石膏可制硫酸铵、硫酸钾铵、氮磷钾复合肥和硫酸钾等化肥。

5. 当前存在的问题

磷石膏的综合利用在国内取得较为可喜的成果，磷石膏制水泥缓凝剂和建筑石膏板石膏粉等工艺，因其工艺技术成熟、使用量大成为磷石膏综合利用的发展方向。磷石膏制石膏砌块技术也在日趋完善之中，随着时间的推移，将逐渐被市场认可，成为磷石膏综合利用的一个发展方向，但是磷石膏综合利用也存在一些问题亟须解决。

（1）磷石膏的净化处理难度大、流程复杂

磷石膏所含杂质是影响磷石膏资源化利用的主要障碍。不同湿法磷酸工艺产生的磷石膏所含的杂质种类和含量不同，还与生产磷酸时所用磷矿的种类和磷矿的具体成分有关。磷石膏中含有不同类型的杂质，这些杂质对资源化利用会产生一定的影响，这也是磷石膏利用比天然石膏利用复杂的原因。

（2）磷石膏资源化利用的投资大、成本高

作为资源的再生利用，磷石膏资源化利用一般投资规模大，运行成本高，给企业运转带来很大的影响。如磷石膏生产硫酸并联产水泥工艺不仅处理费用高，而且生产过程中会产生二次污染，治理二次污染的费用一般企业难以承受。磷石膏生产水泥缓凝剂由于受销售半径影响，给企业的市场开拓带来很大的限制。

（3）其他化学石膏的冲击

近年来，随着电力工业的发展，大量电厂烟气湿法脱硫副产脱硫石膏以其纯度高，附着水含量低，区位优势以及合理的价格对磷石膏的利用带来较大冲击。同时，我国天然石膏开采成本较低，且产量丰富，也对磷石膏的应用有很大的影响。

（4）产业政策的制约

首先，税收政策不到位。目前磷石膏制水泥缓凝剂还没有相应健全的免税政策，企业的运行成本较高。其次，产业政策引导不够，黏土制砖屡禁不止，致使石膏砌块、石膏墙块的推广效果不明显，使用量难以提高，加之研发力量不足，从而制约了磷石膏综合利用的发展。

6. 建议

（1）加强基础研究

针对国内低品位磷矿石的杂质分布的特点，生产企业应与国内外科研院所加强合作，探索并查明磷石膏杂质对各种磷石膏制品性能的影响，优化改进磷石膏原料净化处理工艺路线，改进和创新生产工艺，提高磷石膏制品质量，满足不同用户的需要，实现磷石膏的大规模开发利用。

（2）完善税收及财政政策

对磷石膏资源化利用企业，应给予增值税即征即返政策。同时，从大力发展循环经济，促进和谐社会建设的角度出发，对磷石膏综合利用项目给予必要的财政贴息等政策支持。

（3）完善产业政策

随着城市化进程的加快，我国对建材的需求将持续增长。各种石膏产品的产业化、规模化生产，都迫切需要政府的积极引导和大力支持，出台相应的产业政策推进相关产业的立法，为磷石膏资源化利用提供支持。

虽然磷石膏在国内的应用研究起步相对较晚，相关技术还不够成熟，磷石膏利用与发达国家相比有较大的差距，但随着国家环保要求的日益提高、环保法制法规的逐步健全和加强，相关政策的倾斜支持，近年来，以石膏材料为代表的新型建材、新型墙材，以及装饰装修材料得到较广泛的应用。磷石膏的资源化利用，具有较高的经济效益和良好的社会效益，在发展经济的同时节约了资源，且与国家环保政策相吻合，符合国家倡导的“循环经济”“建设节约社会”“可持续发展”的方针。相信在各相关部门、企业、科研单位等的共同努力下，磷石膏将成为一种很好的石膏制品原材料，磷石膏的应用也会有很好的前景。

第五节　脱硫石膏的应用现状

伴随着工业的发展、社会的进步，环境污染也越来越严重。燃煤电厂、玻璃厂及大型的焚化设施等每天排放到空气中的有害气体，特别是 SO_2，已经对环境造成了严重污染。SO_2形成酸雨后，使建筑物、户外设备严重损坏，甚至威胁到人类和生物的安全。随着人们环境保护意识的增强，美国、德国、日本等工业发达国家都相继制定了环境保护法，以法律的形式来限制和消除 SO_2 对环境的污染，我国也制定了相关法律来制约 SO_2的排放。

对燃煤烟气进行脱硫处理已是大势所趋，而且这也将对改善我国生态环境产生重大的影响，我国对此已有强制性规定，但与此同时产生的大量副产石膏，其处置和利用也将成为资源综合利用和环境保护的新课题，对脱硫石膏的有效应用，成为迫切需要研究解决的问题。脱硫石膏是烟气湿法脱硫过程中产生的副产品。燃煤电厂较多的区域副产脱硫石膏数量较多，国内对脱硫石膏的综合处理和应用已经起步，脱硫石膏的应用蕴藏着巨大的市场机遇，对于江苏、浙江、广东等天然石膏匮乏地区，脱硫石膏的大量出现为以石膏为原材料的企业带来了商业机会。脱硫石膏的主要利用方式：①制造石膏砌块；②制造腻子石膏和粉刷石膏；③制造模具石膏；④做水泥缓凝剂；⑤制造纸面石膏板；⑥做土壤改良剂。

1. 脱硫石膏的特点

烟气脱硫石膏，是对含硫燃料（煤、油等）燃烧后产生的烟气进行脱硫净化处理而得到的工业副产石膏，主要源于燃煤电厂的烟气脱硫工艺。这也是目前世界各国燃煤厂普遍采用的烟气脱硫技术，其脱硫效率高、技术成熟，而且所得的脱硫石膏具有较高的利用价值。生产工艺过程：烟气经锅炉空气预热器出来后，进入电除尘器除掉大部分粉煤灰烟尘，再经过专门的热交换器，然后进入吸收塔，烟气中的 SO_2 与含有石灰石的浆液进行气液接触，生成 $CaSO_3$，通入空气将 $CaSO_3$ 氧化生成石膏晶体。

脱硫石膏的主要成分是结晶硫酸钙（$CaSO_4 \cdot 2H_2O$），颜色微黄，其酸碱度与天然石膏相当，粒径较小，一般为 30～50μm，呈中性或微碱性。表 1-5 中列出了天然石膏与几个地区电厂的脱硫石膏的成分，结果显示，脱硫石膏与天然石膏的化学成分极为相近，主要成分均为二水硫酸钙，且含量高达 95%以上，有害杂质含量少，是一种品质较好的再生石膏。

脱硫石膏和天然石膏经过煅烧后得到的熟石膏和石膏制品在水化动力学、凝结特性、物理性能上无显著差别，但作为一种工业副产石膏，它具有再生石膏的一些特性，与天然石膏在原始状态、机械性能和化学成分上有一定的差异，导致其脱水特性、煅烧后石膏粉在力学性能、流变性能等宏观特性上与天然石膏有所不同。

表 1-5　几种脱硫石膏与天然石膏的化学成分对比

类别	SiO_2	Al_2O_3	Fe_2O_3	CaO	MgO	Na_2O	K_2O	SO_3	结晶水
天然石膏	—	0.48	0.48	31.25	—	—	—	43.15	19.06
重庆脱硫石膏	1.82	0.39	0.20	31.24	0.64	0.05	0.13	44.23	18.56
太原脱硫石膏	3.26	1.90	0.97	31.93	—	0.09	0.15	40.09	16.64
杭州脱硫石膏	2.70	0.70	0.50	31.50	1.0	0.06	0.16	42.40	19.20

2. 国内外脱硫石膏的综合利用现状

（1）国外脱硫石膏的应用

在国外，特别是欧洲，几乎所有的脱硫石膏广泛应用在生产熟石膏粉、α 石膏粉、石膏制品、石膏砂浆、水泥缓凝剂等各种建筑材料之中，脱硫石膏的应用技术非常成熟。因为已经很好地解决了脱硫石膏的运输、成块、干燥、煅烧等问题，脱硫石膏利用的工业设备已经专业化、系列化。世界上脱硫石膏应用最早且最好的国家是日本，其次是德国、法国等欧洲国家。

日本从 1977 年开始几乎全部使用工业副产石膏生产纸面石膏板和纤维石膏板，脱硫石膏在水泥工业中应用量也非常大。脱硫石膏几乎 100%得到了应用。

在德国，因为石膏新型建筑材料和新的生产技术的发展，石膏的需求量很大，脱硫石膏已全部得到利用，几乎所有石膏企业都部分或全部使用脱硫石膏作原料。很多电厂和石膏企业在电厂附近建厂，专门利用电厂排出的脱硫石膏生产石膏制品。

在英国，制定了强制使用脱硫石膏的法令，就是脱硫石膏必须优先于天然石膏使用。在荷兰和丹麦，脱硫石膏的年总产量在70万t左右，由于荷兰没有天然石膏矿，因此存在脱硫石膏应用的潜在市场。

（2）我国脱硫石膏的应用现状

我国脱硫石膏产生的历史很短，综合利用也刚刚起步，对其应用价值和市场竞争力普遍认识不足，对脱硫石膏的综合处理和应用发展缓慢，我国相当一部分脱硫石膏还是以堆贮为主，其已成为火电厂第二大固体废弃物，不仅占用土地资源，而且对环境不利。如果不能很好地处理和综合利用，不仅要占用大量的填埋土地，而且对生态环境产生的污染，很可能要超过烟气未脱硫的污染程度。

天然石膏的处理工艺和设备也并不完全适用于脱硫石膏，因此增加了应用上的难度，导致国内现在还没有很好地展开应用。我国现阶段脱硫石膏仅在少数领域中应用，如技术含量低的建材石膏、水泥辅助剂、建筑条板料，且尚未形成工业规模。如能将其充分利用，不仅节约自然资源，而且能使电厂的固体废弃物资源化。脱硫石膏的生产与应用有着很大的市场机遇，将来会有大量的脱硫石膏代替天然石膏生产建材制品，尤其是在天然石膏匮乏而脱硫石膏资源丰富的经济发达地区。

3. 脱硫石膏用于制备粉刷石膏的可行性分析

（1）技术可行性

脱硫石膏进行取样分析结果表明，其一些品位已达到天然优质二水石膏的品位，是制作粉刷石膏的理想原料。脱硫石膏生产的建筑石膏性能优异，强度比国家规定的优等品的强度值高40%～45%（表1-6），这为脱硫石膏的大量使用奠定了基础。

表1-6 电厂脱硫石膏与天然石膏技术性能比较

类别	标准稠度用水量（%）	凝结时间（min）		2h强度（MPa）		24h强度（MPa）	
		初凝	终凝	抗折	抗压	抗折	抗压
天然建筑石膏	69	5	18	2.1	3.9	5.2	15.6
重庆脱硫石膏	58	8	15	4.0	8.1	8.7	21.8

用脱硫石膏生产的建筑石膏粉具有粒度细、强度高的特点，完全能满足生产粉刷石膏的要求。在建筑石膏粉中加入砂子或膨胀珍珠岩以及各种化学添加剂，组合制成的新型抹灰材料，这种新型石膏砂浆与传统水泥砂浆相比，具有轻质、高强、节能等特点，且粘结性能较好，不易起壳和开裂，并可有效解决混凝土剪力墙等各类墙体的保温问题。

（2）经济优势

对于缺乏天然石膏的地区，如从外地购置天然石膏，运费就是无法削减的成本，而且脱硫石膏的价格比天然石膏的价格要低得多，如果企业能就近采用本地电厂的脱硫石膏，将使生产成本大大降低。目前，天然石膏生产的粉刷石膏价格为 380 元/t，而我国利用脱硫石膏制造的粉刷石膏的价格为每吨 180～230 元，且各项指标均达到国家标准，应用效果良好。

4. 亟待解决的问题

(1) 影响脱硫石膏品质的主要因素

① 石灰石品质

石灰石品质的好坏直接影响脱硫效率和石膏浆液中硫酸盐和亚硫酸盐的含量。石灰石的化学成分、粒径、表面积、活性等直接决定最终脱硫石膏的品质。

② 浆液的 pH 值

脱硫塔内浆液的 pH 值对石膏的生成、石灰石的溶解和亚硫酸钙的氧化都有不同程度的影响。侯庆伟[9]等利用物理化学方法，对 25℃以下的石灰石湿法烟气脱硫系统进行分析，给出了脱硫系统 pH 值宜控制为 2.233～5.493。

③ 石膏排出时间

晶体形成空间，浆液在吸收塔形成晶体及停留总时间取决于浆池容积与石膏排出时间。浆池容积越大，石膏排出时间长，亚硫酸钙更容易氧化，利于晶体长大。但若排出时间过长，则会造成循环泵对已有晶体的破坏。

④ 氧化风量

应保证足够的氧化风量，使浆液中的亚硫酸钙氧化成硫酸钙，否则石膏中的亚硫酸钙含量过高将会影响其品质。

⑤ 杂质

脱硫石膏中的杂质主要有两个来源：一是烟气中的飞灰；二是石灰石中的杂质。这些杂质不参与吸收反应，但会有一部分进入石膏，当石膏中杂质含量增加时，其脱水性能下降。此外，氯离子含量对石膏脱水效果也有重要影响，当氯离子含量过高时，石膏脱水性能急剧下降。

(2) 在发展粉刷石膏时存在的问题

近年来，国内粉刷石膏有较快发展，而粉刷石膏的应用技术发展较慢，与它应占有的份额差距很远；虽然传统粉刷材料易空鼓开裂，影响粉刷工程质量，并且和易性、施工文明性差，但粉刷石膏的推广仍存在很大困难；粉刷石膏虽可显著提高粉刷工程质量，但受工程验收制度及水泥砂浆用砂比例随意增大的经济利益驱动，往往高品质粉刷石膏砂浆处于不利的竞争地位。

一般地，不应要求粉刷石膏砂浆的砂率与水泥砂浆相同，它的粘结强度高、体积稳定性好、不空鼓开裂，保证了粉刷工程的质量，单位面积的粉刷工程造价略高于水泥砂浆是合理的。

受国产炒制设备及工艺控制的影响，以建筑石膏为基础的单相型粉刷石膏的质量有一定波动；粉刷石膏品种渐增，且在材料性能和施工性方面呈现一定差异，虽然有施工技术研究，但缺乏粉刷石膏施工及验收规程来确保施工质量。

5. 粉刷石膏的发展方向

（1）发展多品种粉刷石膏

为提高我国粉刷石膏用量及工厂经济效益，应抓住材料特性及功能，在不同工程中发展面层、底层和保温层粉刷石膏。面层为粉刷层的外层，可以后续喷涂料或贴墙纸，也可以不再后续装饰。底层粉刷的作用是找平和过渡，一般用砂浆，其用量约为面层的10倍，故应加强粉刷石膏砂浆的配制及施工技术研究，重点推广底层粉刷石膏。

（2）发展复相及复合粉刷石膏

我国生产的粉刷石膏以β型单相为多，它虽有工艺简单、投资少的优点，但质量易波动，强度较低。因而应发展复相及复合粉刷石膏。

（3）加强粉刷石膏外加剂研究

粉刷石膏是各种石膏材料与外加剂的均匀混合物，外加剂对其性能和成本的影响很大。与高强混凝土、超高强混凝土、泵送混凝土及大波动性混凝土相比，粉刷石膏外加剂的研制开发较滞后。

随着石膏资源的匮乏和人们环保意识的增强，过去被人们视为废弃物的烟气脱硫石膏正越来越广泛地用作工业原料。

① 脱硫石膏的化学成分与天然石膏极为相近，且具有纯度高、有害杂质含量少，是一种品位较好的石膏，处理后可代替天然石膏生产建筑石膏和其他石膏制品。

② 烟气脱硫石膏在性能和价格上比天然石膏具有竞争优势，并可克服天然石膏资源分布的不均匀性。

③ 粉刷石膏本身具有很多优异的性能，利用烟气脱硫石膏来生产制备粉刷石膏，在技术上和经济上都有很大优势，既降低生产成本，又环保节约，是一种应用前景很好的建材产品。

④ 我国在应用脱硫石膏方面的起步较晚，在认识和使用上仍存在很多不足，应加大对脱硫石膏的使用和研究，提高石膏的品质性能及稳定性，拓宽其应用领域。脱硫石膏是一种工业副产石膏，在综合利用上会得到政府部门的支持，符合现阶段我国推行的可持续发展方针。

第六节　柠檬酸石膏的开发现状

工业固体废弃物——柠檬酸石膏，是在生产柠檬酸过程中，以红薯、山芋等淀粉原料物质经发酵产生的柠檬酸发酵液，然后加入碳酸钙进行中和，得柠檬酸钙沉淀后再加入硫酸酸解，提取柠檬酸后产生的废渣，经机械脱水后即是柠檬酸石膏。目前，我国年排放出的柠檬酸石膏约70万t。因柠檬酸石膏吸附水含量高（其原始状态呈膏状，通常吸附水含量为30%～45%），颗粒细、黏度大、白度好、品位高（二水硫酸钙含量在90%以上）。但它又有一定量的杂质存在，特别是含有少量的柠檬酸和柠檬酸盐（对建筑石膏来讲有很强的缓凝作用)，与天然石膏、脱硫石膏、磷石膏、氟石膏相比都存在很大的区别。柠檬酸石膏长期以来一直得不到有效的利用，大多在作为废弃物堆放，对环境造成了严重的污染，也成为当前柠檬酸企业急需解决的问题。

我国柠檬酸石膏中二水硫酸钙含量较高，山东日照柠檬酸厂提供的柠檬酸石膏化学组成见表 1-7。

表 1-7　柠檬酸石膏化学组成

化学组成	氧化钙（CaO）	三氧化硫（SO_3）	氧化镁（MgO）	三氧化二铝（Al_2O_3）	三氧化二铁（Fe_2O_3）	结晶水
百分含量（%）	33.62	45.53	0.18	0.04	0.15	20.32

此柠檬酸石膏吸附水为 26.37%，pH 值为 5.12（通常柠檬酸石膏 pH 值为 2.5～5.5，吸附水含量为 40%～45%时废酸残留量为 0.1%～0.01%）。

二水柠檬酸石膏在干燥箱内用（40±2)℃烘干后过筛，其细度见表 1-8。

表 1-8　细度

细度（目）	<120	<140	<160	<180	<200	<240	<320	<360	>360
分量%	0.22	9.61	23.23	17.04	24.63	13.28	6.5	1.86	1.36

从表 1-9 可以看出二水柠檬酸石膏大多为 140～240 目，约占 87.79%（由于柠檬酸石膏黏度大，有粘筛现象，所以实际细度要比此偏细）。

由于二水柠檬酸石膏细度高、黏性大、含水率高，在生产建筑石膏时，煅烧温度难以控制，在试验中我们采用了低温慢速煅烧工艺。炉膛温度设定在 240℃和 260℃，按不同煅烧时间，实测出料温度 130℃、145℃、160℃，所得柠檬酸建筑石膏相组分分析见表 1-9。

表 1-9　组分

出料温度（℃）	DH	HH	AⅢ	AⅡ	结晶水
130	1.59	71.44	18.25	0	6.80
145	0.32	70.24	24.23	0	4.01
160	0	19.92	74.34	0.10	1.75

从表 1-10 可以看出柠檬酸建筑石膏的煅烧温度以 150～160℃为宜。160℃出料的柠檬酸建筑石膏，在温度 21℃、湿度 68%的环境中经过 16h 的陈化转化后所得的柠檬酸建筑石膏相组分见表 1-10。

表 1-10　石膏相组分

相组分	DH	HH	AⅢ	AⅡ	结晶水
百分比（%）	0.28	93.16	0	0	5.33

煅烧后的柠檬酸建筑石膏白度为 86.2，松散密度为 407kg/m³，比磷建筑石膏密度

（成都）716kg/m³ 轻 17.61%，比天然建筑石膏（太原）869kg/m³ 轻 53.16%，比脱硫建筑石膏（山西潞城）1036kg/m³ 轻 119.22%，也就是说脱硫建筑石膏的密度是柠檬酸建筑石膏的 2.55 倍。磷建筑石膏的密度是柠檬酸建筑石膏的 1.45 倍。按常规烧石膏的三相分析法称取试样 1g，需加入 1mL95%的酒精水溶液或蒸馏水，使物料润湿均匀。由于柠檬酸建筑石膏的密度小，这样并不能完全均匀地湿润试样，所以我们加大酒精和蒸馏水的用量到 1.5mL。这样作出的相组分对 DH 的偏向可能稍有提高。

由于柠檬酸建筑石膏密度小、细度高，还有残余柠檬酸的影响。所以其标准稠度用水量为 113%～119%，初凝时间为 26～32min，终凝时间为 54～60min。对此，我们进行了几种不同的改性处理，改性处理后柠檬酸建筑石膏根据不同的改性方法产生了不同的效果。其标准稠度用水量 62%～82%，初凝时间 2～8min，终凝时间 6～15min，2h 抗折强度达 3MPa 以上，2h 抗压强度超过 9MPa，45℃ 烘干后，干抗折强度为 5.29MPa，干抗压强度为 16.84MPa。

柠檬酸石膏是工业副产石膏中生产 α 高强石膏最理想的原料。笔者曾对脱硫石膏（山东东营电厂提供）和柠檬酸石膏（山东淄博柠檬酸厂提供）采用水热法进行 α 高强石膏的研究，其结果见表 1-11。

表 1-11　不同石膏检测结果

名称	水膏比（%）	凝结时间（min）		2h 强度（MPa）		干强度（MPa）	
		初凝	终凝	抗折	抗压	抗折	抗压
脱硫石膏	25	15	30	4.74	23.24	12.36 未断	60.46
柠檬酸石膏	36	18	27	4.89	20.74	12.36 未断	67.58

采用水热法生产 α 高强石膏，要根据不同二水石膏的特性，选用不同的媒晶剂。不同二水石膏对应的最佳媒晶剂不同。α 高强石膏的生产在不同转化时间内（一般恒温时间为 90～120min）与一定温度下两者有着一定的相互关系。温度高则脱水转化过程快，但温度不能超出范围（140～150℃）。

α 高强石膏的生产要在特定的 pH 值溶液（一般为 4～5）和二水硫酸钙含量大于 92%的先决条件下，才能生产出理想的 α 高强石膏。

图 1-5 所示是几组柠檬酸和脱硫二水石膏、建筑石膏、α 高强石膏的晶体形态图，供参考。

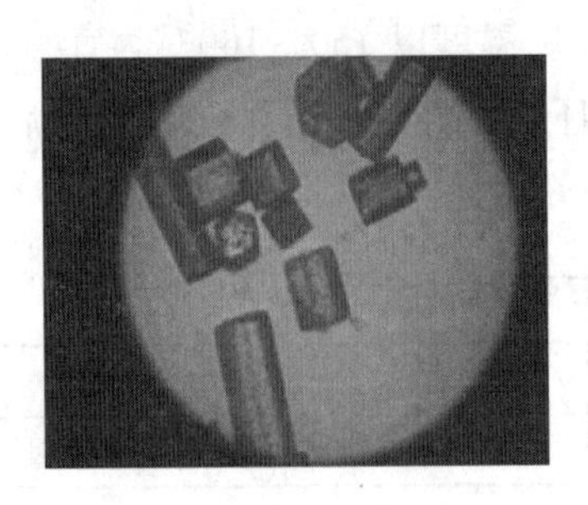

(a)

(b)

图 1-5　几种石膏晶体图

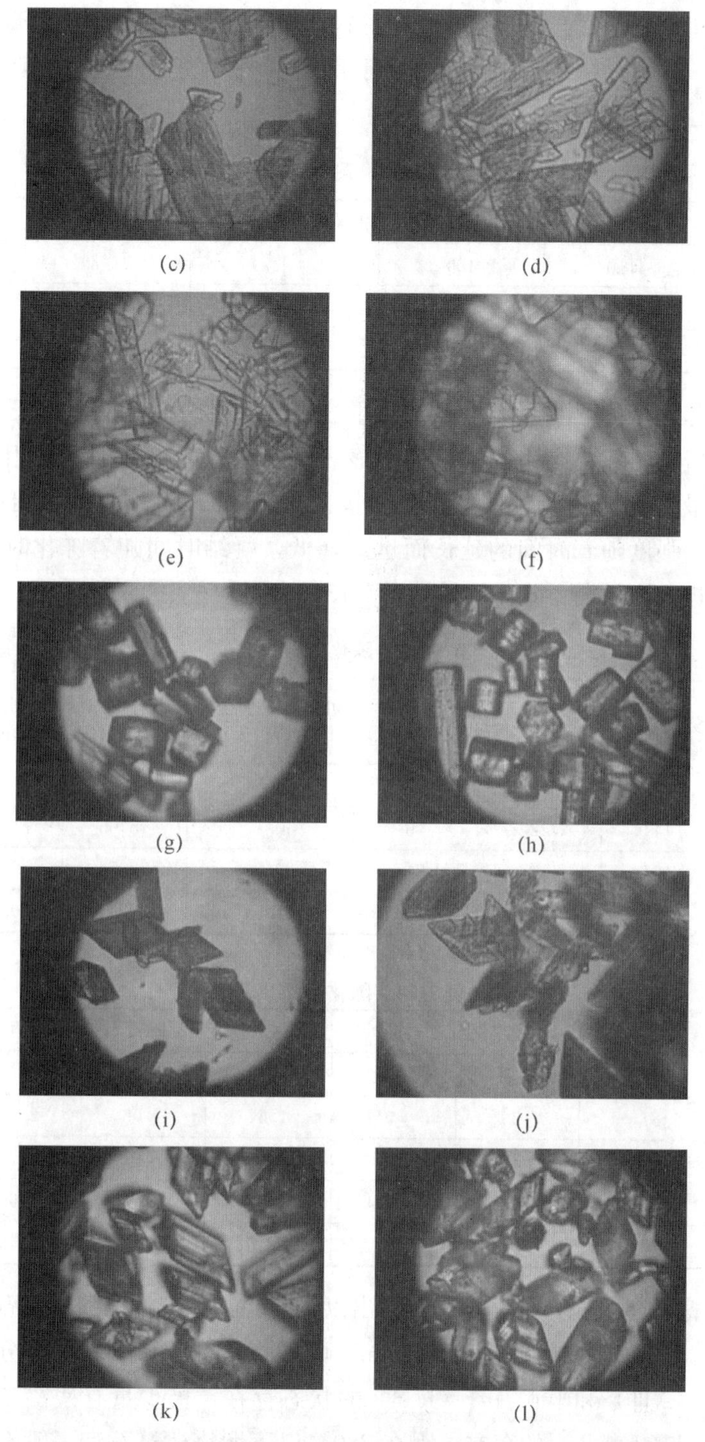

图 1-5　几种石膏晶体图

(a) 柠檬酸 α 高强石膏晶体图 1；(b) 柠檬酸 α 高强石膏晶体图 2；(c) 柠檬酸建筑石膏晶体图 1；(d) 柠檬酸建筑石膏晶体图 2；(e) 柠檬酸二水石膏晶体图 1 (f) 柠檬酸二水石膏晶体图 2；(g) 脱硫 α 高强石膏晶体图 1；(h) 脱硫 α 高强石膏晶体图 2；(i) 脱硫建筑石膏晶体图 1；(j) 脱硫建筑石膏晶体图 2；(k) 东营脱硫二水石膏晶体图；(l) 长兴脱硫二水石膏晶体图

用柠檬酸建筑石膏生产石膏复合胶凝材料，保水性优于脱硫建筑石膏，粘结强度与天然石膏相同。我们以粘结石膏和粉刷石膏采用同一标准的测试方法做了对比试验，测试结果见表1-12。

表1-12　测试结果

建筑石膏名称	产地	用量（%）	相同添加剂量（%）	保水率（%）	粘结强度（MPa）
柠檬酸建筑石膏	日照	100	1	97.79	3.29
天然建筑石膏	太原	100	1	99.26	3.29
脱硫建筑石膏	潞城	100	1	93.94	3.80

通过合理陈化，使可溶性无水石膏AⅢ全部或大部分转化为半水石膏（HH），当HH达到最高值时，陈化作用的效果就明显表现出来，此时标准稠度用水量达到最低值，强度达到最高值。当陈化超过最佳时间，二水石膏（DH）的含量迅速增加，标准用水量又增大，强度随着时间的延长而迅速降低，凝结时间随着陈化时间的延长而缩短，此时陈化进入失效期。陈化效果见表1-13、表1-14。

表1-13　陈化效果（1）

状况	陈化时间	陈化环境		可溶性无水石膏（AⅢ）%	半水石膏（HH）%	二水石膏（DH）%	结晶水（%）
未陈化	0	温度（℃）	湿度（%）	66.64	30.07	0	0.72
第一次陈化	14	22	76	50.17	45.05	0	2.03
第二次陈化	18	21	81	22.21	72.76	0.43	4.00
第三次陈化	14	22	78	11.94	82.64	0.57	4.30

表1-14　陈化效果（2）

状况	标准用水量（%）	凝结时间（min）		2h强度（MPa）		干强度（MPa）	
		初凝	终凝	抗折	抗压	抗折	抗压
未陈化	87	2	4	1.67	7.08	2.10	7.88
第一次陈化	77	3	11	2.73	7.91	2.70	10.12
第二次陈化	74	4	12	2.92	8.10	3.69	11.24
第三次陈化	75	5	13	3.10	8.43	4.46	13.98

通过对柠檬酸建筑石膏的试验研究得出以下经验：生产柠檬酸建筑石膏采用了低温（小于280℃）、慢速（炒制时间大于45min）的煅烧工艺，熟石膏相组分绝大多数以可溶性无水石膏（AⅢ）和半水石膏（HH）的状态存在，极少量有残留二水石膏（DH）和难溶型无水石膏（AⅡ）的存在。因在280℃以下煅烧建筑石膏一般不会产生AⅡ组分。熟石膏通过一定时间、环境湿度条件的陈化转变，将AⅢ最大限度地转化为HH相组分存在，使HH组分占95%以上，其余为AⅢ成分时是最佳、最理想的熟石膏粉。

柠檬酸建筑石膏的煅烧出料料温以160℃为宜。在煅烧时一定要在进料时打散物料结块，使其颗粒分布均匀，受热一致，确保建筑石膏的质量。石膏进行煅烧后，经过不同优化手段的后期处理，才能得到优质的建筑石膏产品。后期处理除陈化、均化外，还包括复合不同的无机及有机材料。改性处理的方法很多，可以复合的物料也很多，只要多做实践研究就能找到新处理方法和合适的复合材料。

工业副产石膏，无论脱硫石膏、磷石膏、柠檬酸石膏、氟石膏，只要原状干基石膏二水硫酸钙的含量大于90%，根据各种石膏的不同特征，了解不同石膏杂质含量的差异，采用不同的生产工艺及配合不同的复合处理手段，都可得到不同的、合格的、能让用户满意的产品。某种石膏在偏酸性条件下，生产出优质产品，有的则在中性环境中最佳，但有的只有在偏碱条件下反应效果才好，这些都需要我们通过实践摸索。在石膏建材的生产、开发、利用中，我们要根据不同建筑石膏的适应性、可行性来加工生产不同的建材产品（如石膏建材适用于室内，而不适应直接用在外围护墙体表面及建筑物能被雨水冲刷到的地方，只要是以石膏为主要材料的产品，即使软化系数达到8以上，它动水溶蚀性能差的缺点也不会完全改变）。目前工业副产建筑石膏在国内市场上的销售及应用情况是北方比南方好，近期在上海、江浙地区，有一些已经使用脱硫建筑石膏的单位，现又回头使用天然建筑石膏。这个现象的主要原因是使用工业副产建筑石膏的产品出现变形，不如天然建筑石膏稳定。而制品生产商发现问题后，不去研发、改进工业副产建筑石膏及进行整体配方调整，只是简单地换用其他建筑石膏来解决，而建筑石膏供应商又不能配合制品生产商查找问题和解决问题，这样市场就很难打开，所以工业副产石膏的出路，不但要有优良的产品，更要有良好的服务，特别是技术的支持，走顾问式营销服务之路（做客户的技术顾问、市场顾问）。

煅烧设备、工艺及复合材料的改进是永无止境的，当代石膏建材科研人员，要将现有的各种设备、工艺、复合材料科学地、合理地、实事求是地、确实可行地、巧妙地将它们结合起来，在节能、减排、环保、易行的原则下，创新出性能更优的产品，是我们石膏从业者的责任，同时在政府强力推进下，行业会得到更快更好的发展。

第二章　工业副产石膏应用现状

第一节　石膏干混建材

一、石膏干混建材的品种及其用途

1. 粉刷石膏

粉刷石膏是代替水泥砂浆、混合砂浆、找平层腻子及轻质砂浆在建筑物室内各种墙面和顶棚上进行抹灰的石膏基粉刷材料。粉刷石膏与各种无机墙体基层粘结牢固，可避免传统水泥砂浆、混合砂浆抹灰层出现空鼓、开裂、脱落等现象，特别适用于加气块填充的室内墙面抹灰。

（1）底层粉刷石膏

底层粉刷石膏适用于室内墙体基底找平的抹灰，通常含有一定量的集料（中细建设用砂）。其主要技术指标是在手工抹灰时初凝时间为 70～90min、机械喷涂抹灰初凝时间以 35～55min 为宜；干抗折强度大于 2MPa，抗裂性能良好、粘结效果佳，有优越的施工性。

（2）面层粉刷石膏

面层粉刷石膏适用于底层找平材料（含底层粉刷石膏）、表层及现浇混凝土顶棚和墙体表面薄抹灰，通常不含集料，具有较高的强度、粘结性，和易性优良，可抹可刮，从 1mm 至 5mm 都可施工，并不产生开裂与空鼓、脱落现象，在终凝前沾水压光后表面细腻而光滑，有镜面抹灰材料之称。其主要技术性能初凝时间大于 60min，干抗折强度大于 3MPa，剪切粘结强度大于 0.4MPa，涂刮顺利，压光时无打卷现象。

（3）轻质抹灰石膏

轻质抹灰石膏是含有轻集料的石膏抹灰砂浆，干密度小于 100kg/m^3，基底找平并可用于罩面一次性施工完成的抹灰材料。

目前，抹灰石膏应用得到大面积推广，特别是机械化抹灰施工，有了一定的市场认可度。

（4）保温层粉刷石膏

保温层粉刷石膏是一种含有轻骨料、硬化后体积干密度小于 500kg/m^3 的石膏抹灰材料，所含轻骨料有闭孔珍珠岩（玻化微珠）、聚苯颗粒、陶粒、橡胶粒、沸石等，有较好的热绝缘性，通常用于建筑物室内的楼梯间、电梯间、分户墙、外墙内保温或外墙内外复合保温体系中室内墙面的保温层抹灰。其主要技术性能应达到初凝在90min左右，干抗压强度大于0.8MPa，导热系数为0.06～0.09W/（m·K），粘结强度大于0.5MPa。

2. 粘结石膏

粘结石膏适用于石膏制品、轻质隔墙板材、聚苯板等室内装饰建材的粘结，具有无毒无味、使用方便、粘结力强、粘结速度快、不收缩等优点。

（1）通用型粘结石膏

它适用于石膏砌块、石膏条板、纤维石膏板、纸面石膏板及加气混凝土条板等室内墙体材料的粘结，也用于外墙内保温、外墙内外复合保温体系的聚苯板与墙体的粘结。其主要物理性能：初凝时间应为40～50min，干抗折强度大于5MPa，拉伸粘结强度大于0.8MPa。

（2）快凝型粘结石膏

快凝型粘结石膏适用于室内装饰线条、灯盘等石膏饰品与基层的粘结，是一种凝结时间较短的粘结材料，使用方便、安全、环保、物理性能初凝时间为5～8min，干抗折强度大于5MPa，拉伸粘结强度大于0.8MPa。

3. 石膏腻子

石膏腻子也称石膏刮墙腻子，是民用及公用建筑物内墙、顶棚、纸面石膏板装饰面找平不可缺少的一种材料，具有粘结强度高，墙壁面光洁细腻，不空鼓、不开裂，环保节能，表面硬度好，施工方便快捷等优点。它也可在石膏腻子中掺入一定量的电气石粉末，利用石膏建材独特的湿度呼吸功能，可自动调节室内湿度的同时将电气石产生的负离子释放到室内空气中，成为环境友好健康新材料，有益人类居住环境。其物理性能要求抗压强度应大于4MPa，粘结强度大于0.6MPa，表干时间2h，施工刮涂无障碍。

4. 嵌缝石膏

嵌缝石膏也称石膏嵌缝腻子，是用于石膏板安装时接缝、嵌填、找平和粘结的接缝充填材料，硬化后使石膏板与板之间成为一体，粘结牢固、不收缩、不开裂，能充分饱满地填嵌不同厚度的板间缝隙，有利于提高石膏板墙面的隔声指数和耐火性能，和易性好，易涂刮，干硬快（但有足够的操作时间），属于凝固腻子，技术要求应达到细度0.2mm方孔筛全部通过，初凝时间大于60min，干抗折强度大于2MPa，与接缝带粘结试验时剥离粘结面大于90%。

5. 石膏自流平砂浆

石膏自流平砂浆适用于建筑物室内地面找平层的使用。它在自身流动作用下，可在室内地面形成平整度很好、不空鼓、不开裂、省工时的基层面，是铺设地毯、木地板和各种地面装饰的基层材料。其技术性能：30min时经时流动度损失小于3mm，初凝时间大于65min，24h抗折强度大于3MPa，绝干抗折强度大于8MPa，绝干拉伸粘结强度大于1MPa，收缩率小于0.05%。

6. 石膏基厚层防火涂料

石膏基厚层防火涂料适用于钢结构建筑中的梁、柱等构件表面，避免火灾对建筑物主体造成破坏，施工方便、早强快硬、耐火极限高，在施工和火灾中无毒无味，不产生有害气体，对建设物主体结构起到隔热防火作用，技术性能：初凝为60～90min，粘结强度大于0.3MPa，耐火极限不低于3h，涂层厚度25～30mm。

7. 石膏矿渣粉煤灰胶凝材料

石膏矿渣粉煤灰胶凝材料是利用矿渣、粉煤灰自身活性，通过激发剂的作用产生较高的强度，用来制备矿山充填材料和道路建设材料。

(1) 矿山充填材料

它是用来充填回采后形成的空洞，以便经济合理地建立和保持安全作业条件的一种物料，使矿产资源得到最大限度的开采。其技术性能：试块龄期28天抗压强度大于3MPa，坍落度大于18cm，分层度小于2cm，具有良好的稳定性和流动性。

(2) 道路基层稳定土

道路基层稳定土用于修筑道路路面结构的基层和底基层，具有稳定性好、抗冻性能强、结构本身经压实、水化反应后自成板体等特点，但其耐磨性差，抗压强度大于3MPa。

二、石膏干混建材的原料及质量要求

石膏干混建材原料首先取决于熟石膏性能的适应性。由于产品不同，所要求的指标也不相同，另外，无水石膏类产品，其质量要求也不同。

1. 熟石膏生产干混建材的质量要求

(1) 凝结时间

一般干混建材对熟石膏的初凝时间要求在6min以上，最好大于8min。

(2) 2h湿抗折强度

一般情况下，石膏自流平用高强度石膏或高强度石膏与建筑石膏混合材料的2h湿抗折强度要在4MPa以上，2h湿抗折强度大于2.2MPa建筑石膏浆，在其他掺合料和相关外加剂的配制条件下便可满足各种产品强度的要求。

(3) 熟石膏的细度

嵌缝石膏、石膏腻子、快凝型粘结石膏所使用建筑石膏细度要求是0.2mm方孔筛筛余量等于0。其他产品所使用的熟石膏细度均以0.3～0.06mm为好，过细的石膏粉要注意颗粒级配，尽量使用颗粒级配面较宽的产品。

(4) 白度

用于石膏刮墙腻子的白度要大于85，其他产品则没有强调白度范围。

(5) 石膏干混建材生产时原料温度必须小于45℃，并要经过均化、陈化后的熟石膏，陈化期最好大于一周。

（6）杂质含量

对熟石膏中所含可溶性镁盐及可溶性钠盐要控制在0.06%以下，在脱硫石膏中还应注意氯离子含量不能超过0.01%，半水亚硫酸钙含量要小于0.25%。在磷石膏中要注意氟含量小于0.9%，五氧化二磷小于0.9%，可溶磷小于0.3%，有机物小于0.15%。在柠檬酸石膏中还要注意二氧化钛不宜超过0.5%。钛石膏一般硫酸钙含量较低，含铁量较高，所以不太适宜生产石膏干混建材、盐石膏，硼石膏在干混建材中也不使用。

新生氟石膏都属于无水石膏，需要进行干燥、中和、粉磨，激发其活性，应用于干混建材中，其技术要求是细度为0.15～0.04mm，硫酸钙含量大于80%。新生氟石膏在潮湿条件下经两年以上堆放陈化转化为二水氟石膏时，则需进行煅烧制成建设石膏，天然硬石膏和氟石膏适用于生产力学性能良好、施工性能优质的粉刷石膏和石膏自流平砂浆。

2. 二水脱硫石膏

二水脱硫石膏干燥后附着水含量小于1%，二水硫酸钙含量大于90%，也可生产矿山充填料、路基稳定土、底层型粉刷石膏（需要活性激发）。

三、石膏砂浆常用的外加剂

1. 无机掺合料和填料

石膏材料内加入某些掺合料，可改变石膏产品的部分性能，使石膏产品适应不同条件、不同环境、不同用途，从而使石膏干混建材更好地发挥作用。

（1）硅酸盐水泥

其主要利用水泥和石膏在水化反应过程中生成钙矾石，以达到提高石膏产品的强度、软化系数、粘结效果的目的，使用量一般为1%～12%。

（2）生石灰粉

石膏内掺入少量的生石灰粉可改变石膏的凝结时间，提高石膏产品的强度、耐水性以及抗冻性，还可改进石膏料浆的和易性，减少用水量，使用量一般为1%～10%。

（3）高炉矿渣粉

高炉矿渣粉配合生石灰粉、水泥、水泥熟料掺入石膏产品中可提高石膏硬化体的强度与耐水性，改善石膏干混建材的施工性，使用量一般为10%～30%。

（4）粉煤灰

粉煤灰掺量在20%以下，对石膏粉体建材的强度、凝结时间影响都不是很大，但可以改善石膏料浆的和易性。如在碱性激发条件适当的情况下，可明显提高石膏硬化体的后期强度和耐水性，使用量一般为0.5%～30%。

（5）膨润土

它是石膏干混建材中最低价的保水增稠材料，但掺量不宜太多，否则影响强度，用量一般为0.3%～1%。

（6）沸石粉

沸石粉可改善石膏干混砂浆的施工性，减少泥浆泌水性，改善可流动性，提高抗冻性，有增粘、增强作用，用量一般为1%～3%。

（7）云母

云母掺于石膏干混砂浆某些产品中，可提高产品的干抗折强度，具有隔热、隔声、轻质、抗裂、降低收缩率等优点，用量一般为0.5%～2%。

（8）灰钙与重钙（双飞粉）

灰钙与重钙（双飞粉）用于石膏干混砂浆中作为填料，改善石膏流动性，一般用量为5%～40%。

（9）高岭土

高岭土加入石膏干混建材产品可以改善产品料浆的保水性、黏聚性。

（10）复配粉煤灰

掺加复配粉煤灰可提高料浆的流动性，一般掺量为1%～3%。

（11）矿物保温材料

海泡石、膨胀蛭石、珍珠岩、玻化微珠等都可称为矿物保温材料。矿物保温材料在石膏干混建材中适用于石膏轻质砂浆、石膏保温胶料，对粉刷石膏产品有改善施工性，增加保水性，改善隔声效果等功能，使用量一般为5%～45%。

（12）矿物增强材料

无机矿物纤维可提高石膏干混建材的抗裂性、抗折强度，代替部分或全部木质纤维与聚丙烯纤维，无机矿物纤维一般用量是1%～5%。

（13）骨料

骨料含石英砂、建设用砂，无论是天然砂还是人工砂、石英砂，质量要求主要是含泥量必须要小，一般含泥量要控制在4%以下，颗粒级配面要大，配制底层粉刷石膏，石膏自流平砂浆最好使用级配砂，这样强度高、流动性好、不离析、泌水性小、保水性好、施工性佳。在通用型粘结石膏、石膏矿山充填材料使用时，中、细砂各半效果较好；在快粘石膏、嵌缝石膏中使用细石英砂为宜，用量一般为30%～70%。

2. 石膏砂浆外加剂

石膏干混砂浆在加水拌和施工应用中的溶解、水化、胶凝及结晶过程的连续作用，一方面取决于原料质量，另一方面取决于化学外加剂对全部过程的不同影响，促使不同产品、不同性能的完美性和适应性。

在石膏外加剂的研究和应用中，单一外加剂对石膏浆料性能的改进是有局限性的，往往需要有机与无机、化学外加剂与掺合料、填料及多种材料复合互补，科学合理地使用就可达到不同产品、不同质量、不同性能、不同效果的砂浆物理性能。

（1）调凝剂

调凝剂主要分缓凝剂和促凝剂。在石膏干混砂浆中，使用熟石膏配制的产品均使用缓凝剂，使用无水石膏或直接利用二水石膏配制的产品则需要促凝剂。

① 缓凝剂

在石膏干混建材中加入缓凝剂，抑制了半水石膏的水化过程，延长了凝固时间。由于影响熟石膏水化的因素有很多，其中包括熟石膏的相组分。配制产品时熟石膏材料温度、颗粒细度、凝结时间、配制成品的pH值、产品施工时的用水量、环境温度、拌合用水的温度、配制产品所使用的掺合料、填料、骨料、外加剂都对石膏干混建材产品有重要影响，对缓凝效果也有一定的影响，所以缓凝剂的用量存在较大差异。目前，国内使用石膏专用缓凝剂效果较好的是变质蛋白（高蛋白）缓凝剂，它具有成本低、缓凝时间长、强度损失小、产品施工性好、开放时间长等优点。在底层型粉刷石膏配制中其用量一般为0.06%～0.15%。

② 促凝剂

物理促凝是在料浆拌合过程中加速具有一定的促凝作用，在无水石膏粉体建材中常用的化学品促凝剂有氯化钾、硅酸钾、硫酸盐等酸类物质，用量一般为0.2%～0.4%。

（2）保水剂

石膏干混建材离不了保水剂，提高石膏制品料浆的保水率可保证石膏料浆中所含水分能够保持较长时间的存在，可获得良好的水化硬化效果，改善石膏粉体建材的施工性，减少和防止石膏料浆的离析与泌水现象，提高料浆的流挂性，延长开放时间，解决开裂、空鼓等工程质量问题。理想的保水剂要具备好的分散性、速溶性、成模性、热稳定性、增稠性，最关键的还是要具有良好的保水性。

① 纤维素类保水剂

纤维素类保水剂目前市场上应用最广的是羟丙基甲基纤维素，其次是甲基纤维素，再次是羧甲基纤维素。羟丙基甲基纤维素综合性能优于甲基纤维素，两者的保水性远远高于羧甲基纤维素，但增稠效果和粘结效果不如羧甲基纤维素。在石膏干混建材中，羟丙基和甲基纤维素用量一般为0.1%～0.3%，羧甲基纤维素则用量为0.5%～1.0%，在实践应用中得出两者复合协调使用效果更佳。

② 淀粉类保水剂

淀粉类保水剂主要用于石膏腻子、面层型粉刷石膏，可代替部分或全部纤维素类保水剂，在石膏干粉建材中可改善料浆的和易性、施工性、稠度等。常用的淀粉类保水剂产品有木薯淀粉、预糊化淀粉、羧甲基淀粉、羧丙基淀粉等。淀粉类保水剂用量一般为0.3%～1%，用量过大会促使石膏制品在潮湿环境下产生霉变现象，直接影响工程质量。

③ 胶类保水剂

某些速溶胶粘剂也可起到较好的保水辅助作用，如17—88、24—88聚乙烯醇粉末、田青胶、瓜尔胶等。它们在粘结石膏、石膏腻子、石膏保温胶料等石膏干混建材中合理加入量，可减少纤维素保水剂的用量，在快粘石膏中条件成熟的情况下可全部代替纤维素醚类保水剂。

④ 无机保水材料

复合其他保水材料在石膏干混建材中应用，可减少其他保水材料的用量，降低产品成本，对改善石膏浆料的和易性、施工性都有一定作用。常用品种有膨润土、高岭土、硅藻土、沸石粉、珍珠岩粉、凹凸棒黏土等。

（3）胶粘剂

它在石膏干混建材中的应用仅次于保水剂和缓凝剂，在石膏自流平砂浆、粘结石膏、嵌缝石膏、保温型石膏胶料中都离不开胶粘剂。

① 可再分散乳胶粉

可再分散乳胶粉用于石膏自流平砂浆、石膏保温胶料、石膏嵌缝腻子，特别体现在石膏自流平砂浆中，既有好的胶粘性，又有好的流动性，对于减少分层、避免泌水、提高抗裂性等方面都起很大作用，使用量一般为1.2%～2.5%。

② 速溶型聚乙烯醇

目前市场上用量较多的速溶型聚乙烯醇是24—88、17—88二个型号的产品，常用于粘结石膏、石膏腻子、石膏复合保温胶料、粉刷石膏等产品中，用量一般为0.4%～1.2%。

③ 瓜尔胶、田青胶、羧甲基纤维素、淀粉醚等

瓜尔胶、田青胶、羧甲基纤维素、淀粉醚等在石膏干混建材中都具有不同的粘结功能。

（4）增稠剂

增稠剂主要是改善石膏料浆的和易性、流挂性，与胶粘剂、保水剂有相同之处，但作用并不一样，有的产品在增稠方面效果好，但在粘结力、保水率方面并不理想。在配制石膏干粉建材中，要考虑外加剂的主要作用，以便更好地、合理地应用外加剂、增稠剂。其常用产品有聚丙烯酰胺、田青胶、瓜尔胶、羧甲基纤维素等。

（5）引气剂（也称发泡剂）

引气剂在石膏干混建材中主要用于石膏保温胶料、粉刷石膏等产品，有助于提高施工性、抗裂性、抗冻性，及减少泌水和离析现象，用量一般为0.01%～0.02%。

（6）消泡剂

消泡剂常用于石膏自流平砂浆、石膏嵌缝腻子中，可提高料浆的密实度、强度、耐水性、粘结性，用量一般为0.02%～0.04%。

（7）减水剂

减水剂用于提高石膏浆体流动度和石膏硬化体强度，通常用于石膏自流平砂浆、粉刷石膏。目前国产减水剂用于石膏建材按流动度和强度效果排列是聚羧酸缓凝减水剂、三聚氰胺高效减水剂、萘系高效缓凝减水剂、木质磺酸素减水剂。在石膏干混建材中使用减水剂，除关注用水量和强度外，还要注意石膏建材凝结时间经时流动度的损失。

（8）防水剂

石膏制品最大的缺陷就是耐水性能差。在空气潮湿的地区，石膏干混砂浆耐水性就要加以注意。一般地，提高石膏硬化体耐水性的方法是外掺水硬性掺合料，以

达到石膏硬化体在潮湿或饱和水情况下软化系数大于0.7，来满足制品强度使用要求。也可使用化学外加剂来减小石膏的溶解度（即提高软化系数），减小石膏对水的吸附性（即降低吸水率）及减小对石膏硬化体的侵蚀性（即与水隔离性）的耐水途径。石膏防水剂有硼酸铵、甲基硅醇钠、硅酮树脂、乳化石蜡，以及有机硅乳液防水剂。

（9）活性激发剂

活性激发剂是对天然和化学无水石膏进行活化处理，使其具有胶粘性和强度，以便适用石膏干混建材的生产。酸性激发剂可加速无水石膏早期水化速度，缩短凝结时间，提高石膏硬化体早期强度。碱性激发剂对无水石膏早期水化速度影响不大，但对石膏硬化体后期强度有明显的提高，并且在石膏硬化体中可生成部分水硬性胶凝材料，有效改善石膏硬化体的耐水性。酸碱复合型激发剂复合使用效果优于单一的酸性或碱性激发剂。酸性激发剂有钾明矾、硫酸钠、硫酸钾等，碱性激发剂有生石灰、水泥、水泥熟料、煅烧白云石等。

（10）触变润滑剂

触变润滑剂适用于自流平石膏或粉刷石膏中，可减少石膏砂浆流动阻力，获得良好的润滑性及施工性，延长开放时间，防止浆料的分层和沉降，使硬化体结构均匀，同时还可增加其表面强度。

3. 纤维外加剂

纤维外加剂具有提高石膏干混建材的抗裂性能，补偿砂浆的硬化收缩，提高硬化体抗折强度等功能。

（1）加入玻璃纤维、丙纶纤维、聚乙烯纤维等，可提高石膏产品的抗裂性、抗折强度、耐老化性，以及抗冲击性，主要用于石膏保温浆料和粉刷石膏等产品中，使用量一般为0.1%～0.3%。

（2）木质纤维和纸纤维

木质纤维和纸纤维在石膏干混建材中有着重要的作用，可起到增强、增稠、减少收缩、抗流挂、抗开裂、改善施工性、延长开放时间、部分提高保水性、提高粘结剂的功能、增强粘结效果等功能，一般用量为0.3%～0.8%。

四、石膏干混建材的生产与储存

1. 石膏干混建材的生产

（1）所有原料必须保证质量的稳定性，如熟石膏粉的凝结时间（±1min）、强度（±0.2MPa），无水石膏或二水脱硫石膏的杂质含量、品位等都要求稳定在一定范围内，才能保证石膏干混建材的质量。

（2）为使掺合料和化学外加剂功能的有效发挥，所配干混建材的pH值一般在8～12为好，但碱性不宜太高。

（3）在生产石膏干混建材过程中，原料、掺合料、骨料及外加剂的投放顺序不一样，产品的效果也不一样。

（4）掺合料、骨料等加入材料的含水率必须控制在0.5%以下，否则直接影响干混建材的质量。

（5）为了生产出质量稳定的石膏干混建材必须严格控制配合比。用量大于10%的材料，计量控制可在产品总量的±0.3%之内；用量为1%～10%的材料，计量应控制在产品总量的0.03%之内；用量小于1%的材料，一般计量控制应小于材料单一质量的0.5%，甚至更精确。

（6）石膏干混建材的生产控制一定要搅拌均匀，搅拌最好选用二次以上混合工艺。最能检验搅拌均匀性的测试手段是：对同一批产品，分别从不同点取5个以上样品，测试其初凝时间是否一致，如初凝时间超过产品质量要求凝结时间的5%，则说明这批产品没有搅拌均匀。

2. 石膏干混建材的储存

（1）石膏干混建材的包装，一定要采用带有塑料内衬的防潮包装袋，在贮罐内存放对贮罐要进行密封，用钢板制造的贮罐，罐体外部要做防潮处理，避免因环境影响，导致钢材产生“出汗”现象，影响石膏干混建材产品的质量。

（2）石膏干混建材如存放在阴暗潮湿、空气不流通的地方或贮存期在正常贮存条件下自生产之日算起超过6个月时，使用前一定要做质量检验才能进行施工应用。

与普通水泥砂浆和水泥石灰砂浆抹灰材料相比，粉刷石膏性能特征明显。表2-1列举了粉刷石膏与普通水泥砂浆的一些技术性能，从中我们可以看出粉刷石膏是一种施工性能好、绿色无污染的环保建材，并且粉刷石膏抹灰工程质量好，表面光滑细腻、不空鼓、无裂缝、不掉灰，可提高抹灰档次。

表2-1　粉刷石膏与普通水泥砂浆的技术性能对比

粉刷石膏	普通水泥砂浆
绿色环保建材，无臭味、不发黄	高能耗建材，生产能耗是副产石膏的6倍
具有呼吸和调湿功能，有利人体健康	无呼吸功能
施工快，当天可批荡、当天定工、当天入住	
减轻墙体自重，增加房间容积，与同类产品相比价格较低	
保温隔热、隔声性能好	
导热系数低，约为0.46W/（m·K），属优质建筑节能产品，其保温能力是普通水泥砂浆的1.5～2倍	导热系数为0.93W/（m·K）
A级防火材料	B级防火
抗折强度高，压折比≤3	抗压强度高，压折比>3
收缩率低，微膨胀、无开裂	干燥收缩大，有开裂，要加钢丝网
黏性好、落地灰少	落地灰较多
只要水不结冰，即可施工	5℃以上施工
软化系数≥0.6	软化系数≥0.8

第二节　石膏砌块

利用烟气脱硫石膏生产墙体材料，通常是将二水脱硫石膏煅烧制成建筑石膏，再用于生产墙体建筑材料。这样的生产工艺就要求有成套的、环境评估达标的、设备投资较高的脱水煅烧装置。一般利用二水脱硫石膏生产一吨建筑石膏需用50～60kg标煤、35～40kW·h电，生产成本（不含二水脱硫石膏成本）每吨为70～90元。要更好地发展烟气脱硫石膏的深加工产业，必须研制开发成本低、质量好、符合我国生产技术水平的建材产品。山东省建筑材料工程设计院通过反复的试验和研究，并结合多年来电厂对粉煤灰综合利用的经验和应用成果，免去了二水脱硫石膏煅烧环节，直接将脱硫石膏和粉煤灰两种或两种以上的工业废渣复合生产墙体材料。这项新的生产工艺不但能减少生产过程中的设备投资、提高产品质量、使生产者获得更多的利润，并且具有生产能耗低、将固体废弃物变废为宝的特点，这对保护生态环境有重大意义。

二水脱硫石膏含水率高、细度细、颗粒级配差、本身没有自硬性，也不会产生强度，但我们可利用二水脱硫石膏粒径较细的特点，加入适量的火山灰质活性材料，在一定的激发条件下，产生水化反应，就可生成具有良好强度的水硬性水化产物。

粉煤灰可作为胶凝材料是由其密度、细度、比表面积等物理特性及粉煤灰活性（包括粉煤灰的火山灰质活性和自硬性）决定的。粉煤灰的火山灰质活性是指粉煤灰在常温常压下与石灰反应生成具有胶凝性能的水化产物的能力，通常需要在一定的物质或方法的激发后才能表现出来，是一种潜在的活性。粉煤灰中二氧化硅与二氧化铝的比值越大，活性越高。人们通常使用石灰、水泥、石膏、硫酸盐早强剂等激发粉煤灰的活性，制备粉煤灰胶结材料，脱硫石膏中氧化钙的含量大于30%，它可弥补粉煤灰中缺少氧化钙的缺点，两者混合后有利于最大限度地发挥粉煤灰的胶结性能。

水泥在二水脱硫石膏粉煤灰复合胶凝材料中起碱性激发作用，其水化时产生的氢氧化钙，活性很强，占主导激发地位。若利用石灰和极少量的化学激发剂做辅助激发，更有利于水泥激发作用的发挥。二水脱硫石膏粉煤灰复合材料在水泥、石灰、激发剂的相互作用下，可显著提高材料的强度和耐水性。水泥在脱硫石膏粉煤灰复合材料中除自身水化外，还可明显提高复合材料的早期强度和后期强度，由于复合胶凝材料水化反应的持续进行，使复合胶凝材料后期强度不断增加并达到较高水平，这时复合胶凝材料所生成的水化产物，主要是水硬性的水化硅酸钙凝胶、钙矾石和少量气硬性原状二水石膏。未经完全水化的粉煤灰和二水石膏混合填充于水化产物的孔隙，使复合胶凝材料硬化体更加致密和均匀。

在二水脱硫石膏粉煤灰胶凝材料中加入一定量的骨料，可以改善混合胶凝材料的颗粒级配，提高硬化体的耐久性、成型性能、增加密实度、强度及抗收缩性。试验表明，在胶凝材料中添加150%～200%的骨料（粒径为0.3～1.2mm）可降低吸水率、提高软化系数、促进后期强度的提高。

目前，用脱硫二水石膏粉煤灰复合胶凝材料生产建筑砌块（砖）主要有两种方法。第一种方法是采用半干法搅拌料浆压实成型的工艺来提高坯体强度。这种方法可使砌块（砖）的坯体在短时间脱模后具有一定强度，坯体外型在托盘移动时不会产生任何的形状变化，达到不占用模具的目的。第二种方法是将复合胶结料搅拌成一定稠度的泥浆，浇筑振实成型，用托盘连模具移动养护。这种方法最大的缺点就是要增加模具数量来保证正常生产，且生产出的砌块（砖）的密度小于压制成型的砌块（砖）。

脱硫二水石膏粉煤灰砌块（砖）在成型后不适合烧结工艺，因为其中还存在着不少的未能转化为水硬性材料的二水脱硫石膏，当烧结温度超过 60℃时，会使这些二水脱硫石膏的结晶水在一定时间内排出，导致砌块（砖）强度下降而破碎。但是采用蒸压养护需要配置蒸压釜及蒸汽源，能耗和成本较高，这导致产品的竞争力和厂家的利润降低。初期养护在一定温度和一定湿度的自然环境中进行即可。在湿热条件下，砌块（砖）中的脱硫石膏粉煤灰硬化体水化反应速度加快，生成较多的水化产物，从而使砌块（砖）的早期强度提高。

经多次试验证明，砌块（砖）在特定温湿中养护 24～48h 后自然养护 3 天，强度相当于 28 天强度的 50%左右，而且随龄期的延长，强度也在不断增加。

此外，当砌块（砖）中二水脱硫石膏与粉煤灰（用量为 1∶1）占物料总量的 35%、骨料占 55%、水泥占 8%、其他占 2%时，将其放入温度为 40℃、湿度为 90 的混凝土养护箱中养护 48h，再在（20±2)℃的室内自然养护 7d 后，测得其抗压强度和软化系数分别为 27.72MPa、1.02。

而在不加骨料的试验中（二水脱硫石膏占物料总量的 42%、粉煤灰占 36%、其他占 22%），砌块（砖）在养护箱温度为 40℃、湿度为 90 的条件下养护 48h，再于（20±2)℃的室内环境中自然养护 7d 后，其抗压强度为 17.91MPa。

二水脱硫石膏粉煤灰砌块（砖）的优点如下：

（1）二水脱硫石膏粉煤灰砌块（砖）是用原状二水脱硫石膏生产的墙体材料，生产过程中免去了煅烧环节，简化了生产工艺的同时，也减少了设备上的投资；

（2）全部生产过程无“三废”排出，对周边环境不会造成任何的污染，可实现工业污染物零排放；

（3）所需墙材成本低，带来更多的企业效益、社会效益和经济效益；

（4）制品强度好、综合性能好、市场广阔；

（5）为脱硫石膏粉煤灰等固体废弃物综合利用开发了一条新的途径。

二水脱硫粉煤灰砌块（砖）有大量的石膏成分存在，其强度、耐水性虽有明显的提高，但石膏溶蚀性差的缺点并未完全改变。因此，建议尽量在室内应用该类制品。若要用于外墙填充，也必须是室外的抹灰层长期无任何空鼓、开裂现象存在或在墙面增加防水层之后。

第三节　石膏基无机保温材料

一、脱硫石膏应用前景

建材是我国循环经济的重要行业，工业废弃物的综合利用是发展循环经济，建设能源节约型、环境友好型的新型产业，通过扩大对工业固体废弃物的综合利用（如作为建材工业原料），大力发展具有节能、环保、隔热、保温功能性材料，为建筑节能提供必要的物质基础，改变单一原材料属性，提高附加值，以产品结构的优化来降低建材资源及能源的消耗。

利用工业废渣，避免造成二次污染，增加节能材料，保护天然资源和环境，符合我国资源持续发展的方向。电厂燃煤烟气进行脱硫净化处理而得到的工业副产石膏是磨细石灰与烟气中二氧化硫发生反应生成颗粒细小、含水率高的高含量二水硫酸钙（脱硫石膏）。从我国能源结构分析未来脱硫减排的压力很大，脱硫石膏的资源化和综合利用是一个重要的发展方向。

大量产生的脱硫石膏如何有效地处理和利用已经成了我国的一个迫在眉睫的问题。如果采用“堆放”的处理方式不仅占用大量的土地，而且仍然存在污染环境，不能满足环保要求，会给企业造成较大压力。因此，无论从企业的生存发展、环境保护，还是从资源保护和工业废弃物的综合开发利用来看，脱硫石膏的资源化利用都是符合国家持续发展、环境保护、节能利废等产业政策的。

利用脱硫石膏自身的特性，采用切实可行的工艺方法，将脱硫石膏处理成各种市场大量需求的、成本低的、质量优良的石膏建材产品，将这种工业副产物效益化、市场化，才是解决脱硫石膏综合利用以及环境保护的最有效的途径之一。

目前，脱硫石膏还未被广泛应用，所以我们要分析脱硫石膏开发应用地区的石膏产品市场，研究开发适销对路的产品，是我们首先要需要考虑并解决的问题。在引进国外脱硫石膏应用技术和经验的同时，消化、吸收、改进、开发具有我国特色的脱硫石膏应用技术体系，开拓石膏应用领域。在生产和应用技术上不能完全照搬天然石膏的处理方法，而是需要针对脱硫石膏本身特性投入一定的精力研究开发出新的、适合实际生产和应用技术的新方法、新工艺和新设备，从而确定脱硫石膏综合利用的、系统的、现实的解决方案。

二、脱硫石膏的原料特征

（1）颗粒细、堆积密度大。

（2）脱硫石膏主要成分 $CaSO_4 \cdot 2H_2O$，含量在 90%以上，呈灰白色粉状，品位优于我国大多数天然石膏，是一种重要的再生石膏资源。脱硫石膏的主要杂质是碳酸钙，一部分碳酸钙以石灰石颗粒形态单独存在，这是由于反应过程中部分颗粒未参与反应，存在于石膏颗粒中，这与天然石膏中杂质主要以单独形态存在明显不同。脱硫石膏中尚含有极少量粉煤灰，其颗粒度比脱硫石膏的颗粒度大，对其用作腻子、饰面石膏有一定影响。

(3) 脱硫石膏一般所含成分较多，但大多均为无机杂质，对石膏产品性能产生直接影响的物质较少，pH值呈中性，利用相对较为容易。

(4) 脱硫建筑石膏的强度高于天然建筑石膏，一是由于其品位较高；二是由于脱硫建筑石膏的结晶结构较为紧密，使水化、硬化体有较大的表观密度，它比天然石膏硬化体高10%～20%，因而有较高强度。

三、脱硫石膏玻珠EPS颗粒保温体系

1. 脱硫石膏玻珠EPS颗粒保温体系的产品特点

用脱硫石膏为胶凝材料，玻化微珠和EPS颗粒为轻骨料，生产的轻质保温材料，既保持了石膏建材固有的特性，又提高了保温隔热效果，不易变形，材性收缩率小，该保温材料优点如下：

(1) 该保温材料具有良好的和易性，施工简单、操作方便、粘结性好，能与被保温墙体融为一体。

(2) 工程质量好，有较好的强度而不收缩、不空鼓、不开裂、无气味。

(3) 凝结硬化块，保温层抹完后第二天就可以进行保护层的施工，缩短施工工期，提高工作效率，加快工程进度。

(4) 水化速度不因气候温度较低而明显减慢，只要在不结冰的环境下就可以施工，即可早强快硬，是低温室内施工的首选材料。

(5) 物理性能稳定，从料浆水化开始到全部完成，固化期间体积基本不变，因此保温层不会因收缩而产生开裂。

(6) 石膏硬化体本身导热系数一般在0.28W/(m·K)左右，保温隔热能力在相同厚度条件下约为红砖的2倍，混凝土的3倍，与玻化微珠EPS颗粒配制的保温材料性能更优，导热系数可达0.06W/(m·K)。

(7) 石膏保温墙体中的微孔结构有利于保温层自身干燥，从而也可使多孔墙体在施工后内部含水率降低，有利于墙体长期稳定。

(8) 石膏保温硬化体有无数微小的蜂窝状呼吸孔结构，有调节室内湿度的功能，巧妙地将室内湿度控制在相应的范围内，为人们居住创造了良好舒适的生活环境。在建筑材料中这是石膏硬化体独有的特性。

(9) 石膏硬化体中结晶水的含量占整个分子量的20%，当遇到火灾时，首先是石膏硬化体中的游离水蒸发，然后是结晶水的分解，直到两个结晶水全部分解后，温度才能在此基础上继续升高。在其分解过程中，一方面吸收大量的热量；另一方面会产生大量的水蒸气，对火焰的蔓延起阻隔作用，可为火灾中人员的逃生赢得宝贵时间。

(10) 石膏玻珠EPS颗粒保温直接代替水泥砂浆抹灰层，不占室内空间，工程造价不高，可得到居住舒适的环境，又可实现隔热保温效果，墙体体面无空鼓、无裂纹。

2. 脱硫石膏玻珠 EPS 颗粒保温体系的应用范围

脱硫建筑石膏可与玻化微珠 EPS 颗粒等轻骨料复合制造石膏保温胶料，不但可广泛应用于外墙内保温，楼梯间、电梯间、封闭式阳台保温，干挂石材的保温填充等，而且可大量应用于分户墙双面保温。分户墙双面保温面积是外墙外保温面积的若干倍，利用该材料做分户墙隔热保温是价格较低、效果最佳、施工最快、节能环保、不空鼓、不开裂的极好材料，也是工业副产石膏变废为宝的又一途径。

3. 脱硫石膏玻珠 EPS 颗粒保温体系的施工技术

（1）材料

① 石膏保温胶料

用于墙面抹灰的石膏玻化微珠 EPS 颗粒保温材料的技术性能，除达到国家行业标准规定的导热系数有关技术指标外，还应符合表 2-2 所列性能指标。

表 2-2　石膏玻珠 EPS 颗粒保温型保温石膏技术性能

项目名称	技术指标	项目名称	技术指标
堆积密度（kg/m^3）	＜240	保水率（%）	≥70
干体积密度（kg/m^3）	＜420	导热系数［W/（m·K）］	＜0.070
可操作时间（min）	＞60	抗压强度（MPa）	＞0.6

② 底层粉刷石膏、面层粉刷石膏

用于保温砂浆表面，起保护和饰面作用，技术性能指标见表 2-3。

表 2-3　粉刷石膏技术性能

产品类别		面层粉刷石膏	底层粉刷石膏
细度	1.0 方孔筛筛余（%）	0	—
	0.2 方孔筛筛余（%）	≤20	—
凝结时间	初凝（min）	≥60	≥60
	终凝（h）	≤6	≤6
可操作时间（min）		≥50	≥50
保水率（%）		≥90	≥80
抗折强度（MPa）		≥3.0	≥2.0
抗压强度（MPa）		≥6.0	≥4.0
剪切粘结强度（MPa）		≥0.4	≥0.3

③ 粘结石膏

粘结石膏用于基材与保温层的界面处理，技术指标见表 2-4。

表 2-4　粘结石膏技术性能

项目		普通型
凝结时间（min）	初凝时间（min）	≥40
	终凝时间（min）	≥120

续表

项目		普通型
强度（MPa）	抗折强度（MPa）	≥3.5
	抗压强度（MPa）	≥7
	拉伸粘结强度（MPa）	≥1.0

（2）施工工序

清理基层→湿润墙面→找方冲筋→制备粘结石膏浆料→薄层涂抹粘结石膏→制备保温料浆→抹保温层→找平→修补平整→验收制保温护层用的底层粉刷石膏灰浆→找平→制面层型粉刷石膏灰浆→抹灰→压光→抹踢脚→验收

（3）基层处理

① 基层墙表面的凹凸不平部位应认真剔平或用砂浆补平；一些外露的钢筋头，必须打掉，并用水泥盖住断口；油漆、隔离剂等应清洗干净。

② 抹灰前一天，用喷雾器对基层墙面均匀喷水使其湿润，保持墙面湿润，但开始抹灰时墙面不能有明水。

（4）施工技术

① 冲筋。根据墙面基层平整度及抹灰层度的要求，先找出规矩，层高 3m 以下设两道横标筋，高于 3m 设三道标筋。

② 制备料浆。按石膏保温产品的可使用时间，确定每次搅拌料浆量（一定要在初凝前用完），石膏玻珠保温胶料对加水量较普遍型的粉刷石膏更敏感，水量过大会出现流挂从而影响抹灰操作，降低抹灰层的强度，水量过小会缩短可使用时间，造成浪费，同时影响保温效果，保护和饰面层用的粉刷石膏料浆待使用前再搅拌。

③ 保温料浆在进行抹灰操作时，按压用力应适度，既要保证与基层墙面的粘结，又不能影响抹灰层的保温效果，保温层的抹灰表面无须压光。

④ 抹完保温层用检测工具进行检验，应达到垂直、平整、顺直和设计厚度。

⑤ 抹保护层。保温层灰浆干硬后进行保护层粉刷石膏抹灰，当底层料浆终凝后抹面层粉刷石膏。

⑥ 保护层验收。抹完保护层，检查平整、垂直和阴阳角方正，对于不符合要求的墙面进行修补。

4. 脱硫石膏玻珠 EPS 颗粒保温体系施工的注意事项

（1）掌握每批石膏玻珠 EPS 颗粒保温材料和粉刷石膏的凝结时间，正确控制抹灰料浆的拌和量，以免石膏凝结后不能使用而造成浪费。

（2）为使粉刷石膏内的外加剂得以充分溶解，一定要保证料浆制备过程的静置时间，避免上墙后出现气泡、空鼓等问题。

（3）严禁在料浆使用过程中不断加水延长使用时间，在抹灰过程中必须随时把落地灰回收使用，以免浪费。

（4）施工的环境温度不低于 0℃，并必须在料浆不结冰和墙面湿润后不结冰的情况下使用。

（5）在材料保存和运输过程中，防止受潮，如发现有结块现象应及时处理。

（6）拌合工具每次使用后清洗干净，以免下次料浆制备时有大块石膏结块。

5. 结论

利用脱硫建筑石膏复掺玻化微珠 EPS 颗粒生产内墙保温材料，用于外墙内保温，外墙内外复合保温，分户墙保温，楼梯间、电梯间保温，其具有以下特点：

（1）扩大了工业固体废弃物的综合利用，符合国家持续发展、保护环境、节能利废的产业政策。

（2）石膏玻珠 EPS 保温体系具有施工快、不空鼓、不开裂、造价低、绿色环保、隔热防火、性能稳定等特点。

（3）为分户墙保温开辟了低成本、高质量、施工方便的保温体系，对分户计热的实施提供了更好的节能环保新材料。

第三章　工业副产石膏的应用问题

第一节　工业副产石膏应用问题理论研讨

工业副产石膏用于石膏墙体抹灰材料主要存在 3 个问题：一是石膏粉本身质量问题；二是材料成本和施工的问题；三是行业规范问题。

石膏本身质量均能达到国家规定的各项指标规定，而且强度指标高于国家标准。但脱硫石膏应用于石膏墙体抹灰材料关键性指标存在问题：一是初凝时间过短（尤其是磷石膏在此项问题上尤为突出）；二是二水相偏高，特性不稳定。根据研究，这些问题有些是工业副产石膏本身具有的缺陷，有些是煅烧工艺的问题，有些是煅烧生产线的问题（盲目采用一步法或大马拉小车），有些是煅烧工艺参数调整不当的原因。在应用过程中出现了凝结时间短、凝结时间不稳定、强度上不去等问题，引起施工中种种困难，不能适应客户要求。粉刷石膏对半水石膏的要求，有两个主要参数，其一是初凝时间最好大于 10min，其二是半水石膏中二水相低于 3%。一般而言，低温慢速煅烧的半水石膏初凝时间短。同时其存在二水相高低的影响成为粉刷质量好坏的关键。

工业副产石膏生产主要控制以下几点：第一，选择合适的工艺技术设备；第二，选择合理的煅烧参数；第三，选择优质石膏原料；第四，石膏脱水的加热源参数必须稳定。

抹灰石膏是以建筑石膏和石英砂为基料，另加填料和改善抹灰性能的多种添加剂配制而成的气硬性找平材料，可广泛应用于各种建筑的室内墙体和顶棚的找平。抹灰石膏与传统的水泥基抹灰相比，具有操作简便、早强快硬、粘结力强、和易性好，施工后的墙面光滑细腻、不空鼓、不易开裂等优点。

抹灰石膏虽不像水泥基抹灰硬化后收缩而产生裂缝，但抹灰石膏在实际应用过程中，偶尔也会出现开裂、空鼓、强度低、掉粉等质量问题。抹灰石膏的开裂主要是由收缩引起的。收缩包括化学收缩、干燥收缩、降温收缩、塑性收缩等。塑性收缩引起开裂最常见，塑性收缩主要是由抹灰石膏凝结前水分的蒸发所导致，降低抹灰石膏凝结前的水分蒸发，可减少抹灰石膏的塑性收缩，进而降低抹灰石膏的开裂风险。改进抹灰石膏的抗裂性是提高抹灰石膏质量、推动石膏抹灰行业健康发展的有效手段之一。

选择合适的原材料及添加剂，不仅可改进抹灰石膏的施工性和机械性能，还能解决抹灰石膏在特殊施工环境中的掉粉、脱落、开裂和强度低等问题。

1. 不同储存条件对建筑石膏相组成影响

取同一袋建筑石膏，分成两份，一份密封保存 1 个月，另一份暴露在标准实验室的环境中1个月。然后分别测试不同存放条件下石膏粉的相组成，见表3-1。

表3-1 不同保存条件下石膏粉的相分析

处理情况	初始	密封保存	暴露空气中
吸附水含量（%）	0	0.0	1.2
无水石膏含量（%）	22.14	22.15	0.0
半水石膏含量（%）	39.27	39.26	63.65
二水石膏含量（%）	2.15	2.16	2.09

经过一个月的存放，在标准实验室环境下的石膏粉中无水石膏已经全部转化成半水石膏，而二水石膏的含量基本保持不变。密封保存的石膏粉存放一个月，其相组成未发生明显变化。暴露存放的石膏粉相组成发生变化，主要是因为Ⅱ型无水石膏具有很强的活性，可以和空气中的水分发生反应而转变成半水石膏。

不同储存条件的建筑石膏配制成的抹灰石膏测试结果对比见表3-2。密封储存一个月的建筑石膏与储存前的建筑石膏性能无明显差别，与在实验室环境下存放的建筑石膏配制的抹灰石膏差别明显。密封储存的需水量较储存前的建筑石膏配制抹灰石膏用水量降低1%，凝结时间明显延长，力学强度明显提高。

表3-2 抹灰石膏的基本性能对比

检测项目	储存前	密封储存	实验室储存
抹灰石膏需水量（%）	28	28	27
扩展度（mm）	161	161	161
凝结时间（min）	280	280	330
抗折强度（MPa）	2.28	2.31	2.69
抗压强度（MPa）	4.56	4.55	5.12
粘结强度（MPa）	0.43	0.43	0.46
保水率（%）	95	95	95

通过相组成分析得出，引起抹灰石膏性能变化的原因是石膏粉中的Ⅱ型无水石膏转变成半水石膏。熟石膏粉中含不稳定的Ⅲ型无水石膏使产品质量不稳定难以控制。建筑石膏陈化的最佳状态：无水石膏基本转化完，β-半水石膏含量达到最高值，此时标准稠度用水量最小，强度达到最高值。

不同储存条件对抹灰石膏抗开裂性能也有影响，取不同储存条件的建筑石膏分别配制成抹灰石膏，然后做抗裂试验。分别由储存前和密封存储的建筑石膏配制的抹灰石膏，抗裂性能差别不明显，裂缝呈不规则龟裂，多且深。而用实验室敞开存放的建筑石膏配制成的抹灰石膏与用储存前建筑石膏配制的抹灰石膏相比，抗裂性能明显提高。即使在风速2～2.5m/s的环境下，抹成厚度不均的楔形试件也无开裂现象。实验室敞口存放可以使Ⅱ型无水石膏转变成为半水石膏，从而解决了存在Ⅲ型无水石膏引起抹灰石膏的开裂问题。

2. 胶砂比对抹灰石膏的影响

不同胶砂比对抹灰石膏的基本性能有什么影响呢？

通过缓凝剂的变化来调整初凝时间，控制初凝时间在（280±20）min，测试结果见表 3-3。

表 3-3　石膏掺量不同的抹灰石膏性能对比表

名称	1号	2号	3号	4号	5号
胶砂比	1∶3.75	1∶2.17	1∶1.37	1∶0.9	1∶0.58
β-半水石膏（g）	200.0	300.0	400.0	500.0	600.0
砂子（g）	750.0	650.0	550.0	450.0	350.0
缓凝剂（g）	0.18	0.2	0.22	0.25	0.28
其他（g）	49.82	49.80	49.78	49.75	49.72
加水量（%）	18.0	18.0	19.0	22.0	24.0
扩展度（mm）	165	164	166	167	165
初凝时间（min）	295	280	270	265	260
抗折强度（MPa）	2.37	3.17	4.88	5.32	6.58
抗压强度（MPa）	3.82	5.67	9.8	10.96	12.83
粘结强度（MPa）	0.60	0.44	0.24	0.27	0.15
抗裂性	不裂	不裂	有裂纹	较严重	严重

从表 3-3 中可看到，胶砂比不同，对抹灰石膏的抗折强度、抗压强度、粘结强度影响不同，随着灰砂比的提高，抹灰石膏的抗折抗压强度逐渐提高，粘结强度却相反。

建筑石膏掺量增加，导致抹灰石膏开裂加剧，而开裂又可能导致抹灰石膏与基层之间出现空鼓，进而削弱抹灰石膏与基层的粘结力；成形试件虽然也有明显收缩，但由于试件置于涂有脱模油的钢试模内没有与钢模形成约束，只是表现为试件长度方向变短，试件并未出现开裂破坏，因而随石膏掺量增加，试件的内聚力提高，总体反映出来的抗压与抗折强度是提高的。

随着石膏掺量的增加，试件开裂表现逐渐明显。裂缝由无到多，裂缝长度由无至贯通整个界面，裂缝宽度由无到粗。抹灰石膏中建筑石膏用量增加，标准稠度用水量增加，抹灰石膏粉自身的塑性收缩也更大。在建筑石膏的水化过程中，虽然固相体积逐渐增加，但是浆体的总体积是减少的。抹灰石膏塑性收缩情况与抹灰石膏中建筑石膏的用量、加水量有关。建筑石膏与水反应生成二水石膏，形成结晶交错，产生强度。

$$CaSO_4 \cdot 1/2H_2O + 3/2H_2O \longrightarrow CaSO_4 \cdot 2H_2O$$

质量（g）	145	27	172
密度（g/cm^3）	2.61	1.0	2.3
体积（cm^3）	55.55	27	74.78

按照化学计量反应，反应物的体积为 55.55+27=82.55（cm^3），生成物的体积为 74.78cm^3，因此体积缩小 7.77cm^3（82.55−74.78），体积变化率为−9.4%（−7.77/82.55）。从计算来看，即使完全按化学方程式反应，反应物的体积也缩小了。所以抹灰石膏中建筑石膏越多，总体积变化越大，就越容易开裂。通常建筑石膏是微膨胀材料，

主要是因为只计算了固体体积。

$$CaSO_4 \cdot 1/2H_2O + 3/2H_2O \longrightarrow CaSO_4 \cdot 2H_2O$$

质量（g）	145	27	172
密度（g/cm^3）	2.61	1.0	2.3
体积（cm^3）	55.55	27	74.78

反应物半水石膏的体积为55.55cm^3，完全水化后，生成物二水石膏的体积为74.78cm^3，因此体积增加量19.23cm^3（74.78－55.55），体积变化率为34.6%（19.23/55.55），从计算来看，建筑石膏完全水化，转化为二水石膏，体积增加率为34.6%。

砂子本身是惰性材料，体积稳定性也好，增加砂子的比例，砂子之间更易形成有效支撑，阻止石膏浆体因失水而引起塑性收缩，从而起到有效的抗裂作用。

3. 缓凝剂掺量对抹灰石膏的影响

（1）缓凝剂对抹灰石膏基本性能的影响

缓凝剂掺量直接影响抹灰石膏的质量，缓凝剂掺量过低，抹灰石膏操作时间短，掺量过高导致抹灰石膏凝结时间过程长并降低抹灰石膏的抗压与抗折强度，见表3-4。

表3-4 缓凝剂用量不同对抹灰石膏性能的影响

项目名称	1号	2号	3号	4号	5号	6号	7号	8号
缓凝剂掺量（%）	0.125	0.25	0.30	0.35	0.40	0.45	0.50	1.0
初凝时间（min）	65	90	115	140	190	230	360	1560
抗折强度（MPa）	3.28	2.69	2.64	2.42	2.45	2.38	2.22	2.13
抗压强度（MPa）	6.2	5.9	5.5	5.3	4.8	4.4	4.2	3.9
粘结强度（MPa）	0.4	0.41	0.55	0.56	0.53	0.6	0.23	0.13
抗开裂性	无裂纹	无裂纹	无裂纹	无裂纹	微裂纹	有裂纹	开裂	严重开裂

缓凝剂掺量与抹灰石膏初凝时间的变化关系，随着缓凝剂掺量的增加，初凝时间延长，缓凝剂掺量小于0.5%时几乎呈线性变化，当超过0.5%到达某点时，初凝时间急剧延长。缓凝剂掺量达到某一限值时，缓凝效果明显提高。

随着缓凝剂掺量的增加，抗折抗压强度逐渐下降，这说明缓凝剂掺量不仅影响抹灰石膏的凝结时间，还对抗折抗压强度有很大影响。然而，粘结强度随着缓凝剂掺量的增加呈现先提高后降低的趋势，这可能也与试件开裂有关。

（2）缓凝剂对抹灰石膏抗裂性能的影响

随着缓凝剂掺量的增加，抹灰石膏的抗裂性随之变差。裂缝从无到局部有，再到整个面都有；裂缝深度由浅到深，长度由短到长，贯通整个试件。这是因为随着缓凝剂掺量的增加，抹灰石膏的凝结时间延长，即抹灰石膏塑性收缩的持续时间也延长，导致抹灰石膏抗开裂风险提高。另外，从水分蒸发的角度，抹灰石膏凝结时间越长，砂浆表面蒸发失水的持续时间也越长，最终总的失水量也越大，砂浆也就越容易出现裂缝。

4. 抹灰石膏干硬过程的分析

抹灰石膏在凝结前，会产生失水塑性收缩，在凝结过程中发生结晶膨胀，凝结终止后还会产生微弱的干燥收缩。抹灰石膏的塑性收缩，主要是抹灰石膏中的水分蒸发散失而导致的，也是抹灰石膏出现开裂的主要原因之一。抹灰石膏结晶凝结的过程，由前期的塑性收缩转变为急剧膨胀，是抹灰石膏凝结的过程。即塑性收缩到抹灰石膏凝结时就结束了，表明如果缩短抹灰石膏凝结时间，就可以缩短早期塑性收缩持续时间，进而降低早期的塑性收缩。半水石膏水化时，由于浆体中的晶体增长，因而体积略有膨胀（1%左右），但体积的膨胀是浆体未完全失去塑性的时候产生的，因此不会发生有害胀裂。

石膏抹灰中的半水石膏化学反应方程式为

$$CaSO_4 \cdot \frac{1}{2}H_2O = CaSO_4 \cdot 2H_2O$$

半水石膏、水、二水石膏的密度分别为2.62kg/L、1kg/L、2.32kg/L，凝结前的总体积为$\frac{145}{2.62}+\frac{27}{1}=82.3$（L），其中半水石膏的体积55.3L，水体积27L，凝结后的体积为$\frac{172}{2.32}=74.1$（L），可以看出实际上参与反应的半水石膏和水的总体积是收缩的。但实际上半水石膏凝结硬化表现为膨胀，这是因为部分水进入抹灰石膏粉体空隙，而当只计算半水石膏的固体体积时，其凝结后的74.1L远大于半水石膏的体积55.3L，故可以看到膨胀现象，我们通过试验数据可以看到抹灰石膏的塑性收缩率约为0.17%，而凝结过程的膨胀率是0.57%，最终抵消塑性收缩后抹灰石膏的膨胀率是0.4%左右。抹灰石膏凝结后，体积还有微弱的收缩现象，这是由于抹灰石膏搅拌过程中加入过量的水，硬化继续干缩失水引起，最终抹灰石膏的体积膨胀率约为0.3%。

在抹灰石膏干燥收缩过程中，抹灰石膏失去多余未参与水化的水，而引起微弱的变形，这是由于多余的水分蒸发，导致抹灰石膏的内部有空隙。

5. 温度对抹灰石膏凝结时间及塑性收缩的影响

选用同一抹灰石膏样品在不同温度下测试抹灰凝结时间，测试结果见表3-5，通过表3-5可以看到随着温度的升高抹灰石膏的凝结时间变长，这与半水石膏和二水石膏溶解度随温度变化不同有关。半水石膏随温度的升高，溶解度迅速下降，而二水石膏随温度的升高，溶解度变化相对较小。半水石膏水化结晶的动力，源于半水石膏与二水石膏溶解度的差别，即过饱和度，随温度升高，半水石膏的过饱和度降低，导致生成的一水石膏的过饱和度降低，因此二水石膏的结晶能力减弱，使得结晶速度变慢，宏观表现为凝结时间变长，故温度越高抹灰石膏的凝结时间越长。

表3-5 不同温度下抹灰石膏的凝结时间

温度（℃）	15	25	35
初凝时间（min）	245	258	270
初凝波速（m/s）		800	
终凝时间（min）	250	263	275
终凝波速（m/s）		1600	

相同时间下，抹灰石膏 28℃时的失水质量明显高于 15℃时，同时 28℃时的失水速率也明显高于 15℃时。失水质量与时间成正比，失水质量与温度也成正比。

不同温度下塑性收缩与时间的关系：随时间的延长，塑性收缩逐渐变大；相同时间下，温度越高塑性收缩越大，塑性收缩速度也越快。随着失水量的增加，塑性收缩加大，失水越多，塑性收缩越大；且温度越高，在相同失水质量的情况下，塑性收缩越大。故在高温条件下不仅抹灰石膏的失水量大，而且相同的失水量产生的塑性收缩比低温条件下产生的塑性收缩更大。高温条件对塑性收缩有叠加的影响，即失水速率快，凝结时间长，加大了抹灰石膏的塑性收缩，增加了抹灰石膏塑性开裂风险。

不同温度下抹灰石膏的收缩与膨胀，抹灰石膏在凝结前主要表现为塑性收缩，温度越高塑性收缩越大，抹灰石膏在凝结过程中主要表现为结晶膨胀，膨胀值远远大于塑性收缩值，凝结硬化以后，抹灰石膏尺寸基本不再有明显变化。

抹灰石膏在未受到约束的情况下，总体表现为膨胀，故人们常说抹灰石膏是微膨胀的抹灰材料。抹灰石膏受温度的影响，温度越低抹灰石膏的膨胀值越大。抹灰石膏的结晶膨胀绝对值几乎不受温度影响，而抹灰石膏的塑性收缩值随温度的升高而变大，在抹灰石膏凝结硬化的整个过程中，第二阶段的结晶膨胀过程弥补了前面的塑性收缩值，因此使得抹灰石膏整体表现为膨胀，随温度的升高，最终的膨胀值降低。

6. 风速对抹灰石膏开裂性的影响

抹灰石膏在凝结前表现为塑性收缩，而凝结过程中表现为结晶膨胀，且绝对膨胀值远大于塑性收缩值，总体表现为膨胀。那为什么有的抹灰石膏还会表现出开裂现象呢？主要是由于以上的试验基于抹灰石膏与底板可以自由滑动，不受粘结力影响。而在实际使用过程中，抹灰石膏与底层有很强的粘结性能，使抹灰石膏受到粘结力约束，大大降低了膨胀值。抹灰石膏在施工后，与墙面有一定的粘结性，由于在未凝结前抹灰石膏浆体自身的内聚力小于其与墙面的粘结力，当失去一定的水分后，就会使浆体出现裂纹，而在石膏凝结过程中，虽然膨胀值很大，但是受到基底的约束而不能自由膨胀，故不能将前期的收缩裂缝填实。

在风速不同的情况下，抹灰石膏的开裂情况不同，风速越大抹灰石膏表面出现裂缝的时间越早，且裂纹越多越大。在风速 2～3m/s 的情况下，30min 时就可以明显观察到裂缝，风速小于 0.1m/s 的情况下，表面出现裂缝的时间是 75min，且裂缝细小。从试验可以观察到，风速小于 0.1m/s 的情况下，表面出现裂缝的时间是 75min，风速大的情况下，抹灰石膏的发白处面积大，这主要是抹灰石膏在凝结时水化不完全导致的。

抹灰石膏中的半水石膏在凝结时结晶水化的水分不足，致使半水石膏不能充分水化转变成二水石膏，这将大大降低抹灰石膏的抗折抗压强度和粘结强度，影响抹灰石膏的使用安全性能。

砂浆表面的水分蒸发是导致其内部产生塑性收缩应力的重要因素，水分蒸发总量和水分蒸发速度与塑性收缩应力的大小和增长速度直接相关，因此砂浆表面的水分蒸发越快，蒸发量越大，砂浆就越容易出现裂缝，且裂缝总量也较大。在石膏抹灰层未凝结硬化前，应尽可能地遮挡门窗口，避免通风使石膏失去足够水化的水。但当粉刷石膏凝结硬化以后，应保持通风良好，使其尽快干燥，到达使用强度。

抹灰石膏的塑性收缩，主要是水分蒸发而引起的，通过改善抹灰石膏的配方可以降低抹灰石膏的塑性收缩。如添加不同种类的纤维以及保水剂等，都能在一定程度上改善抹灰石膏的塑性收缩性能，降低抹灰石膏开裂的风险。如添加纤维等，纤维降低塑性开裂的原因主要是纤维呈三维分布，形成三维支撑体系，可搭接在裂缝处，阻止或阻碍裂纹的发展，缓解裂纹尖端的应力集中现象，减少裂缝源。一般的砂浆中随着纤维素醚掺量的增大，塑性收缩呈减小趋势，但当纤维素醚达到一定量时，这种减缩效果减弱。同时纤维素醚种类不同，对砂浆塑性收缩的影响也不同。

可以看到，风速越大抹灰石膏失水速率越快，到了 3d 以后，抹灰石膏基本已经达到自然干燥，高风速条件下的失水率仍明显高于低风速条件下的失水率。因此在抹灰石膏施工过程中，要严格避免强制通风，从而降低抹灰石膏的开裂风险，并避免因失水快导致水化不充分引起的粘结强度降低。

目前，建筑石膏在应用过程中出现的较为常见的问题如下：

（1）石膏自流平出现批次稳定性差（流动度不达标、泌水）

解读：建筑石膏比表面积不同，减水剂应用效果也不同，当比表面积在 8130cm^2/g 以下时，减水剂吸附量、分散性相关性更明显。由于细度对减水剂吸附量影响更大，所以减水率显著不同。

（2）轻质抹灰石膏涂抹上墙气味大

解读：使用氨处理过的脱硫石膏发臭，影响工程交付，加入一定比例的生石灰可以解决。

（3）用脱硫石膏生产面层粉刷石膏发花，并且薄层地方脱粉，厚层地方颜色深，强度尚可。

解读：重钙粉加入过量，因为其惰性和颜色反差因素。

（4）按白水泥 80kg，重钙 900kg，BP24 2kg，U4 万 3.2kg 淀粉醚 0.5kg，膨润土 20kg 配比成腻子粉批刮到磷石膏粉刷石膏面上掉皮。

解读：磷石膏收缩很大，如需罩面应在初凝期施工，逾期难以接合，腻子容易受力脱落。

（5）加气块基层底层上涂抹重质粉刷石膏（宁夏天然石膏石膏掺量 65%），一遍施工厚度 2～3cm，挂网第二遍施工厚度 2～3mm，出现表面脱粉现象。

① 薄层施工重钙一定要少，1t 不超过 100kg，否则表面强度太低，相应的纤维素量要求较多。

② 宁夏天然石膏矿由于矿石中游离水分较少，水分压不足，煅烧前先水洗处理，生粉矿游离水至少 5%以上才能煅烧。宁夏天然石膏存在晶型不完整情况，导致晶面开裂。建议掺加部分脱硫石膏。

（6）石膏中能加胶粉改进性能吗？

胶粉成膜影响水分蒸发，强度影响较大。

（7）为何石膏过细，比表面积过大，反而强度下降？

溶解速度慢或溶解量过大，会造成过饱和持续的时间过长，产生的晶核过多，形成细小晶体不断增加，势必增加较多的结晶应力，破坏已形成的结晶结构，最终使强度下降。

（8）上海客户粉刷石膏不好施工，“粘”强度也达不到要求，但在专家指导下加了甲酸钙好施工了，强度也上来了。原因是由于在盐的作用下，甲酸和石膏形成结晶。

（9）陈化合格后再出厂销售可能吗？

陈化合格在大生产中是不可能的，自然陈化最少半个月，大厂一天 100t 以上，会增加库存问题，同时，如果石膏是欠烧的，存放时间越长，强度越差。

（10）抹灰石膏风吹后出现小裂纹

这属于活性开裂，石膏不稳定，以前也有这个情况，最早生产时不加重钙。活性强的材料需要加重钙粉降低活性，重钙粉加入不参与化学反应，这种开裂就是化学开裂。风裂，和缓凝剂添加量也有关，但加多了半天不干。

第二节　工地实地处理案例汇编

案例一

现象：上墙 20 多 min 就出现开裂。

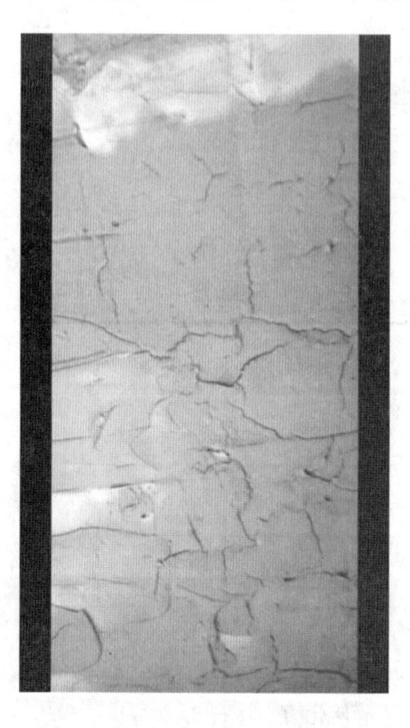

配方

基材	加量（kg）
石膏	500
砂子	500
纤维素	4
缓凝剂	1.5
胶粉	2.5

分析：石膏的问题，从墙体越往上越裂，石膏粉活性高了，特别是在刚煅烧出来的状态下更为明显，未陈化直接使用会造成此类问题。

案例二

现象：成都江源成客户反映这次 10t 成品有的开裂，有的不开裂（磷石膏初终凝时间 1～2min），上墙 30min，收水就开裂。

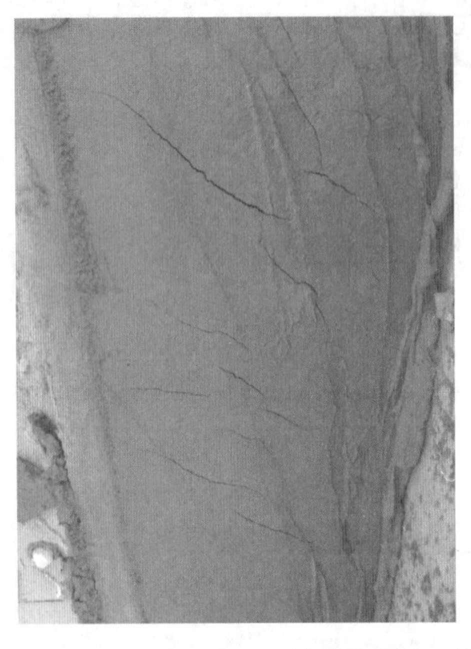

配方

基材	加量（kg）
磷石膏	750
砂子	150
重钙	100
U4 万	1.5
缓凝剂	3
淀粉醚	0.5

分析：第一考虑是搅拌均匀性，第二有可能是用了两个厂家的石膏。

案例三

现象：表干里不干，左边 1cm，右边 2cm，铲开断层还湿着。

初凝 2min，终凝 12min，已经陈化 20d 左右。

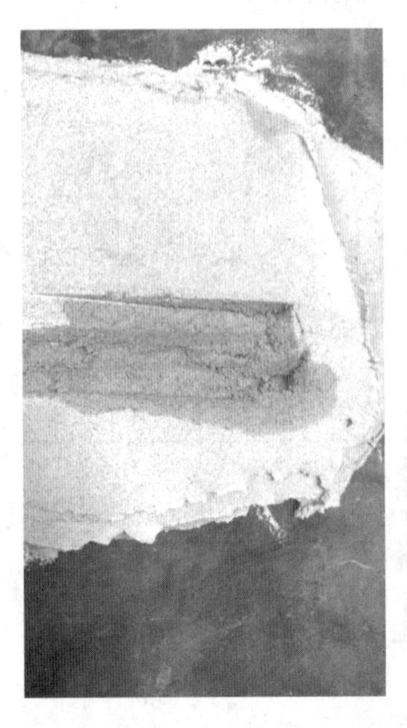

配方

基材	加量（kg）
石膏	350
砂	650
蛋白缓凝剂	0.5，7
万纤维素	1.5
转化酶	1

分析：转化酶是概念性东西，对于干燥起不作用。这个石膏加入改性剂能用，加入氧化钙 10～20kg。

案例四

现象：抹灰石膏批刮上墙，一周后出现整面墙脱落，抹灰层厚度为 1cm。

配方

基材	加量/kg
石膏	400
大白粉	200
砂子	1000
纤维素	3
缓凝剂	1
胶粉	7

分析：纤维素太少使得石膏水化不充分，胶粉成膜，影响了与基层粘结力，导致此现象。

案例五

现象：石膏粉厂家说他的粉初凝 4min，终凝 6min，标准稠度 65%，陈化了一周，无水相 5%，半水相 82%，二水相 3%。

商品名称	每吨配方数（kg）
脱硫石膏粉	500
钙粉-普通粉	500
优质 HPMC	2.5
PVA 聚乙燃醇	2
缓凝剂	2
木质纤维 H300m	2

分析：机械喷涂施工，加 50kg 灰钙，再添加 2kg 纤维素。

案例六

现象：上墙压光出现细小裂纹。

分析：石膏问题，由于石膏煅烧时没有掌握好工艺，脱硫石膏做的粉刷石膏，机喷容易开裂，甚至大面积开裂，手抹会好一点。机械喷涂施工需水量大，也有很大影响。

案例七

现象：薄的地方颜色浅、脱粉，厚的地方颜色深、强度高。

分析：老粉问题，不能乱混，建议不超过100kg，因为老粉有惰性，跟石膏色差明显，浅色的就是重钙。

案例八

现象：墙上干燥出现大量横裂缝。

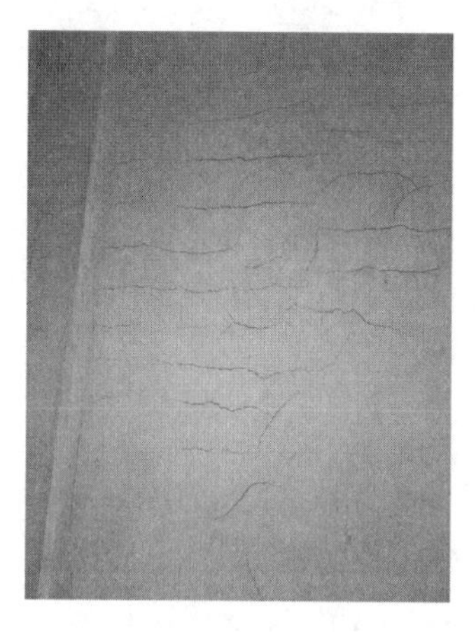
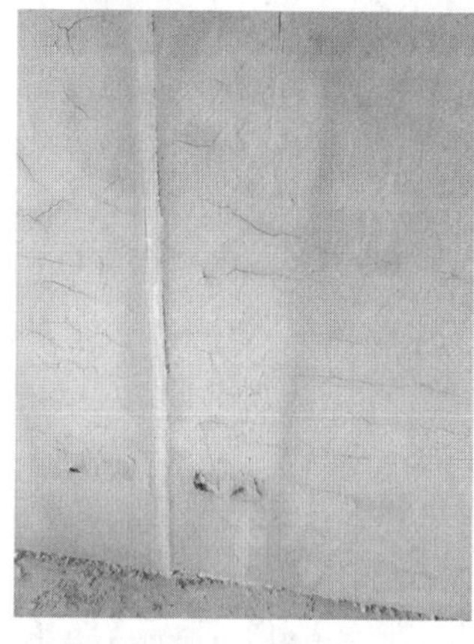

问者：开裂，这是保水性差吗？

总工：不是，应该是抹灰石膏抗垂性差引起。

案例九

现象：边缘处出现小裂纹。

问者：总工，这个开裂时间为 30～45min，也就是快初凝的时候，您看是什么原因。

总工：只有边缘裂吗？

问者：是，内部不裂。

总工：砂孔这么多，强度高？

问者：对，收缩。

总工：它这个明显是骨料多了。

案例十

问者：在硅酸钙镁板上做的石膏粉开裂起泡，是石膏粉的结晶水太大了导致的，达到6%了。

总工：泡得开裂啊。

总工：正常。

总工：胶粉加入量过大也会产生气泡，难以破掉。

案例十一

问者：这个磷石膏上面的黑点是什么？

总工：杂质，不是氟就是锰。

问者：这个除了影响表现还有其他影响吗？

总工：大问题没有，就是有杂质，施工性差了点。

案例十二

问者：做了标准稠度闻到有臭味。

总工：凝结时间正常吧？

问者：正常，加水做标准稠度搅拌过程中产生臭味，越来越大。

总工：是石膏中有机质杂质影响的。

总工：肯定是起反应了，但具体什么反应不知道。

案例十三

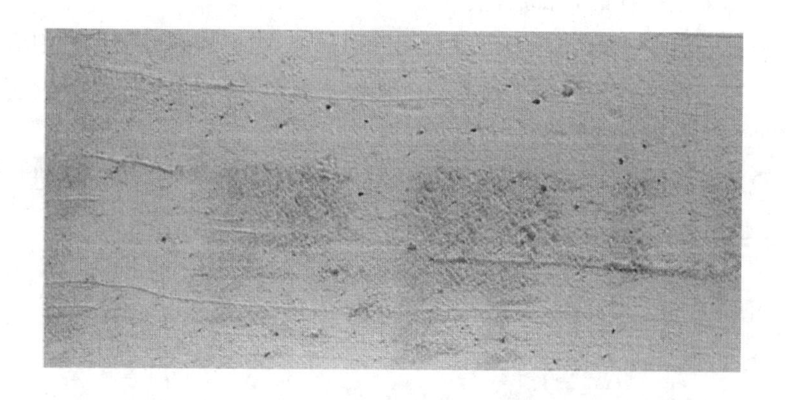

问者：总工，这个面一直收不好，有起皮情况。

问者：石膏粉 600kg，大白粉 300kg，纤维素 2.5kg，缓凝剂 2.5kg，滑爽剂 1kg，木质 2kg，玻珠 9 袋。

问者：不粘。

总工：玻珠细度是多大?

问者：70～90 目的。

总工：把玻珠减下来 1 袋。

问者：玻珠减了 1 袋，有改善，不过刮涂还有点毛。

总工：这个得从体系黏度上调整了。

案例十四

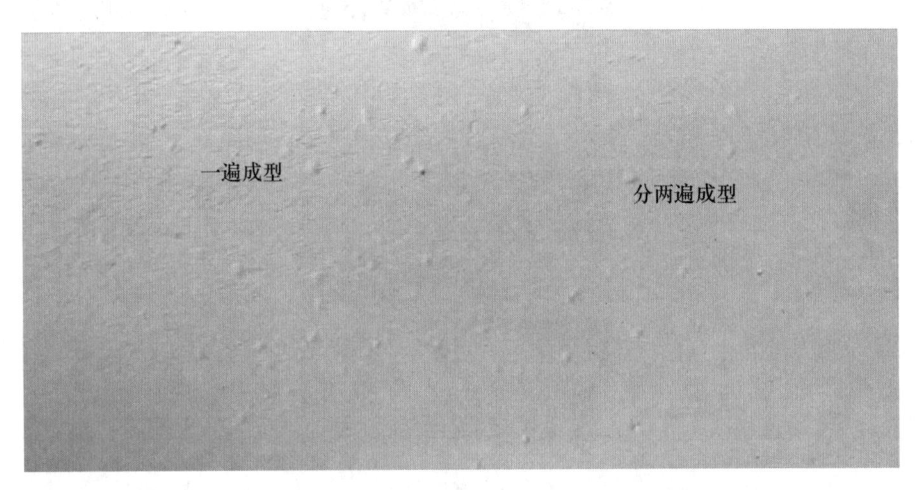

问者：总工，石膏砂浆混凝土墙面，做过界面剂了，一次成型墙面开始起泡，分开涂抹第一遍抹的时候不起泡，第二遍开始起泡了，这个怎么处理呀?

总工：什么泡?

问者：这是一遍成型的，见图。

问者：这个是分两遍涂的时候，见图，第一遍没有起泡。

问者：有的时候间隔 2～3h，也有的 4～5h，今天第一遍，明天刮第二遍。

问者：但结果是一样的，都起泡。

问者：总工，这个工地一下午也没找到原因，工人让直接拉走呢！供应商想继续给这个工地供材料，现在还想问一下就是第一遍做石膏砂浆的那些面，能不能直接用水泥砂浆？接合处会不会有什么问题?

总工：重新看下界面剂的质量，用二遍涂刷界面剂，再刮一层薄底然后进行二遍施工。

案例十五

问者：石膏 400kg，重钙 50kg，砂子 550kg，纤维素 2kg，缓凝剂 1.5kg，滑爽剂 0.8kg。

总工：还是这个配比，客户在实验室做的缓凝时间是80min左右，今天直接整吨送工地40min就凝结了。

问者：这是哪方面因素呀？

总工：这个正常，一般实验室检测与工地应用都有误差，但出现多大误差，得从搅拌均匀性上来看。

案例十六

问者：石膏400kg，重钙50kg，砂子550kg，纤维素2kg，缓凝剂1.5kg，滑爽剂0.8kg。

问者：这个配比重钙能换水泥吗？

问者：客户一方面要把颜色调成水泥色，另一方面是想把强度再提高一下。

总工：可以，但需要看具体加入哪种水泥，加入量是多少。

案例十七

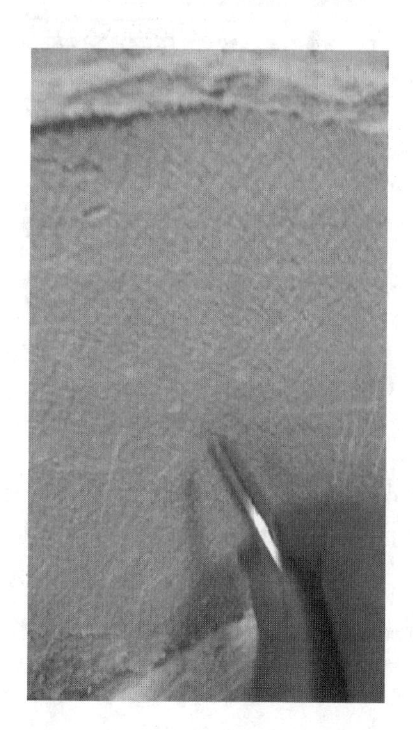

问者：用以下配比生产抹灰石膏，上墙24h后，看下强度如何？

问者：石膏　750kg；

砂子　150kg；

重钙　40kg；

玻珠　30kg；

纤维素（4万）　2kg；

聚乙烯醇　0.5kg；

引气剂　0.3kg；

缓凝剂　2.5kg。

问者：总工，用我们所测试的脱硫石膏做的实验。

问者：这个强度可以吗？

总工：以划痕来判断强度会受到施工手法影响，最好看下压折条的强度。

案例十八

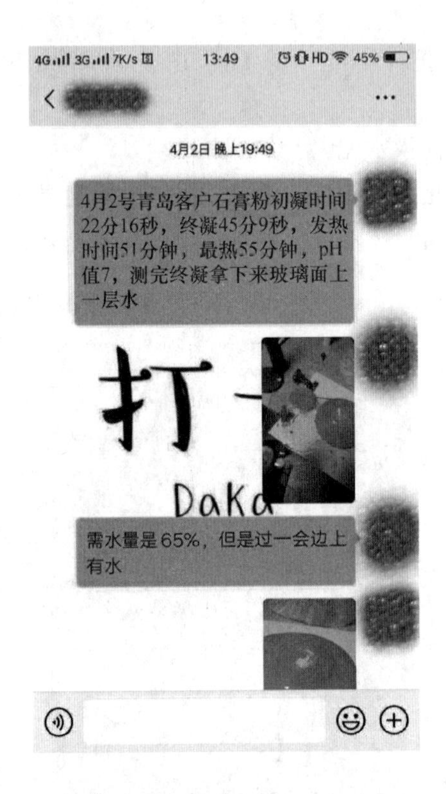

问者：总工，客户那边现在还是用之前的配比，出现了砂浆表干里不干的问题，然后砂浆没强度，缓凝剂加了0.8kg，3个小时还不干，我让他先试一下加0.6kg的效果。

问者：石膏数据见图。

总工：从玻璃面上出现一层水来看，该石膏粉不正常，需要进一步杂质测定分析。

案例十九

问者：总工，石膏砂浆除了过烧的情况引起砂浆开裂，还有哪些因素？

问者：客户石膏粉初凝4min，终凝7min20s。

问者：面层粉刷石膏：

脱硫石膏：600kg；

砂子：400kg；

纤维素（10万）：1.2kg；

缓凝剂：1～2kg；

木质：1kg；

引气剂：0.1kg。

问者：用的这个配比一直开裂。

问者：调整过纤维素 1.5kg、缓凝剂 0.8kg 和纤维素 1.5kg、缓凝剂 0.6kg，还是开裂。

总工：把石膏寄过来。

总工：检测石膏 2h 抗折 3.5MPa，石膏调整为 350kg，砂 600kg，重钙 50kg，由于强度过高，导致的开裂。

案例二十

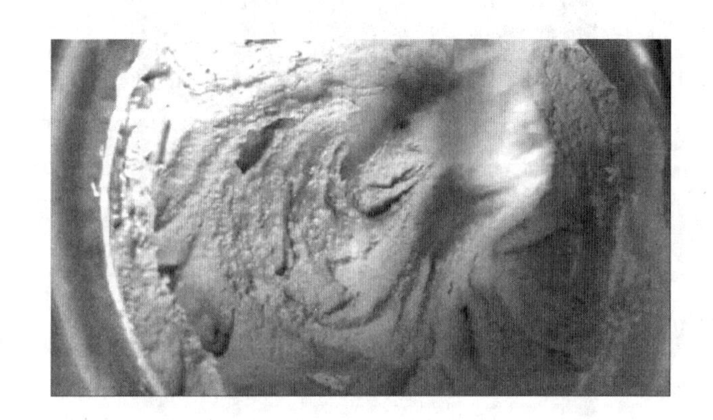

问者：总工，给一个客户调轻质石膏砂浆，贵州开磷集团的石膏粉，初凝 5min48s、终凝 17min28s、pH 值 7、需水量 65%。

问者：石膏：900kg；

珍珠岩：100kg；

纤维素（10 万）：2.5kg；

缓凝剂 H13：3kg；

聚乙烯醇：2kg；

滑爽剂：2kg。

问者：这个是 1h 之后的状态，这个怎么样？

总工：你抹一个 2cm 厚的试块，看多久硬化。

问者：总工，抹的时候很沉了，不到 10min 就硬化了。

总工：重新测一下杂质，缓凝剂得重新调整。

案例二十一

问者：脱硫石膏 800kg（陈化 10d 以上）。

砂子：200kg（50～80 目）；

木钙：2kg；

纤维素（10 万）：2kg；

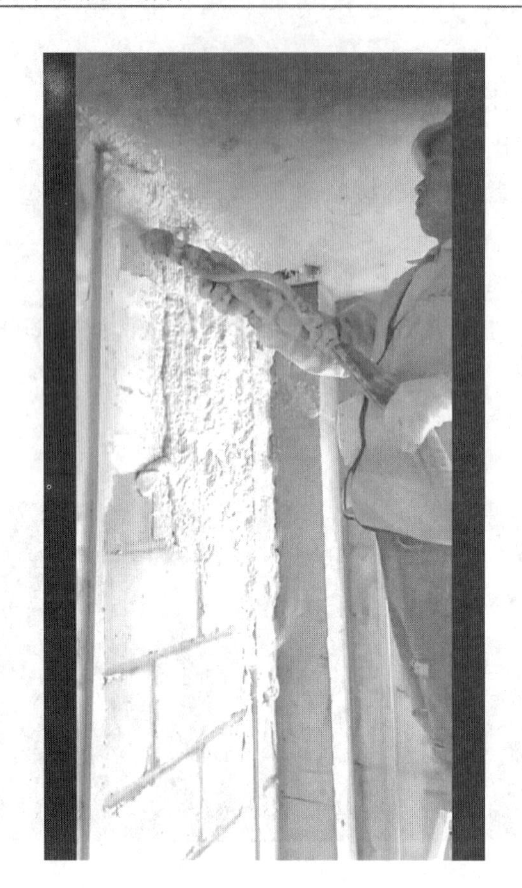

滑爽剂：2.5kg；

缓凝剂：1.2kg；

淀粉醚（抗下垂）：0.5kg。

问者：感觉黏度有点大。

总工：哪的石膏？

问者：我问一下，他说初凝时间为6～8min。

问者：缓凝时间也没问题。

问者：临沂和枣庄交界处那边产的石膏粉。

总工：纤维素1.5kg，缓凝剂1.0kg，滑爽剂1kg，抗下垂0.5kg，石膏700kg，重钙100kg，砂子200kg。

案例二十二

问者：总工，年前那个过烧的客户，现在又遇到了新的问题，现在1t石膏里加了2kg灰钙，打好料静置15min左右材料像发酵了似的，黏并伴有气泡，缓凝时间也没变化，静置15min后再打一下料施工性又恢复过来了，也不发黏了，这是什么情况？

问者：他说可以想象成起针的面包。

问者：用刀反复打，就没了。

问者：就像快初凝的砂浆，流动性差得很，但是再用刀一打又好了。

总工：这个属于灰钙对于石膏凝结硬化的影响。

案例二十三

问者：出现上墙30min满面墙裂，石膏过烧了。

问者：总工，他加了15kg灰钙，已经干了，没有开裂，不过缓凝时间缩短一半。

问者：总工，石膏粉过烧的那个客户，加了15kg灰钙已经解决开裂，正让他降低灰钙添加量再试一组。

问者：我让他降到10kg。

问者：这个是什么原因呀?

总工：对于过烧石膏，加上未陈化石膏中无水Ⅱ型遇水反应激烈，感觉是石膏发涨，非常黏，快干了时出现开裂。

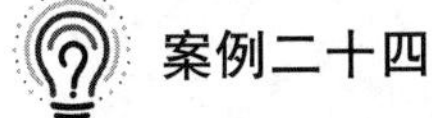

案例二十四

问者：总工，我一个客户也遇到了石膏欠烧的情况，700kg脱硫石膏，10kg灰钙，我想推荐蛋白类缓凝剂，他说灰钙是碱性的，用蛋白类缓凝剂会受影响，我今天做了一个试验，脱硫石膏和灰钙按70∶1的比例添加，pH值为10～11，然后我测了一下脱硫石膏的pH值是9，这种pH值差会影响蛋白类缓凝剂的发挥吗?

总工：影响不大。

案例二十五

问者：石膏：400kg；

砂子：600kg；

抗下垂：0.75kg；

纤维素（4万）：1.5kg；

缓凝剂：1.5kg。

问者：工人反映施工手感沉，不到40min就凝结了，还起泡。

总工：去掉抗下垂，加BP24.3kg，缓凝剂的事你让他自己试下再说。

问者：他那没有BP，缓凝剂还按照1.5kg加吗？

总工：缓凝剂加到1.8kg，去掉抗下垂试试。

案例二十六

问者：这是哪种石膏产品？

总工：应该是轻钢房龙骨上填充料10/12（cm）。

总工：就是喷涂的石膏基保温砂浆呀！

案例二十七

问者：客户用的XCP，说是PE改性过的。

问者：总工，客户做了两组试验：50g水，100g脱硫石膏，0.03g缓凝剂，强度为2.8MPa；60g水，100g石膏，未加缓凝剂是4.0MPa。

问者：他用其他家缓凝剂之后强度也是没有之前的强度好了。

总工：这是缓凝剂对强度检测结果的影响，再看看7d后结果，综合评价。

案例二十八

问者：石膏自流平的压折比要达到多少合格？

总工：24h 抗压强度 6MPa，抗折强度 2.5MPa，绝干时抗压强度 20MPa，抗折强度 7.5MPa。

问者：关于石膏基自流平砂浆调试过程注意事项。

总工：石膏自流平砂浆（理论使用高强度石膏）使用的天然白石膏，不到高强度（山西大同），我们举例来说明。

1 号石膏 450kg，面砂 300kg，重钙 250kg，外加剂 15kg，加水量 28%；

2 号石膏 450kg，面砂 300kg，重钙 250kg，外加剂 20kg；

3 号石膏 450kg，面砂 300kg，重钙 250kg，外加剂 25kg；

4 号石膏 450kg，面砂 300kg，重钙 250kg，外加剂 25kg。

测量直径，试模测两组平均值为其实际直径（13～14cm 为佳），分别用刀片划 10min 和 20min 的灰饼，确定其可操作时间。

（1）流动时间测定仪（倒入自流平砂浆与测定仪水平。水平上移 10cm 测多长时间流完）。

（2）试模（倒入与试模平行，水平上移）。

试验一：石膏 0.45kg，面砂 0.3kg，重钙 0.25kg，外加剂 0.025kg，加水量 0.256kg。

（试模做出的灰饼直径$\frac{13.4+13.5}{2}=13.45$（cm），试模不能流动的时间 1min43s，20min 之后的直径$\frac{13+12.8}{2}=12.9$（cm），大灰饼直径是$\frac{18.5+19}{2}=18.75$（cm），大灰饼结痂时间 22min，1min43s 流完）从加水开始 20min 后再做一组试模的试验，10min 后用刀刮，划痕能自动愈合，20min 之后结痂。

试验二：石膏 0.45kg，面砂 0.3kg，重钙 0.25kg，外加剂 3g 减水剂＋1g 缓凝剂，加水量 0.28。

（试模直径$\frac{13.9+14}{2}=13.85$（cm），试模不能流动的时间为 44s，20min 之后试模做出的灰饼直径$\frac{12.5+13.5}{2}=13$（cm），大灰饼直径$\frac{20.5+20.5}{2}=20.5$（cm），10min 用刀划，最好在边缘划，边上能长住，中间长不住，施工时间为 20min，表明在 20min 之内都具有施工性，防止桶与桶之间有缝。1min 能做 16m^2，2～3cm，两组试验只能做垫层）。

试验三：石膏 0.45kg，面砂 0.3kg，重钙 0.25kg，外加剂 0.025kg，水泥 0.05kg（新乡丰收水泥）。

（试模做出的灰饼直径$\frac{14+14.5}{2}=14.25$（cm），试模不能流动的时间 2min12s，20min 之后的直径$\frac{13+12.9}{2}=12.95$（cm），大灰饼直径$\frac{19.5+19.6}{2}=19.55$（cm）。加

水 20min 后出现玻璃状碎纹，说明水泥质量差，做出来的产品后期也会出现裂纹)。

案例二十九

客户生产水泥所用石膏如下表。

石膏矿渣水泥配方

脱硫石膏（g）	矿渣（g）	熟料（g）	石膏处理方式	混合方式
210.0	1245.0	45.0	煅烧	球磨

注：

1. 熟料是由 1%的 $Ca(OH)_2$，1%$CaCO_3$ 与 1%的煅烧脱硫石膏混合后粉磨 1h 制备而成；熟料也可以采用 P·O 52.5替代；
2. 脱硫石膏煅烧温度为 750℃，煅烧时间为 2h；
3. 球磨机内球磨时间为 1h；
4. 脱硫石膏标准《烟气脱硫石膏》(JC/T 2074—2011)；
5. 矿渣为 S95 级磨细矿渣；
6. 检验混合物（超硫酸盐水泥）性能的标准仍然是通用的硅酸盐水泥标准。

以上为实验室配方，待实验室试制成功后，可以进行实用化的调整，如煅烧温度、球磨时间等均可适当降低。

问者：总工，客户按以上配方做的石膏，强度很差（低于 39MPa），他们想做的石膏强度在 46MPa 左右，一直没成功。

总工：硬石膏需要把其晶体结构和煅烧方式结合起来，从晶体结构上进行突破。

案例三十

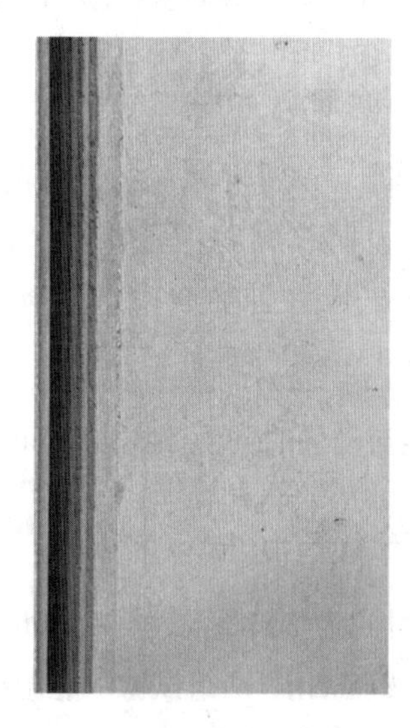

问者：一模 9cm 10 块空心板的配方：煤灰 150kg，海螺 42.5 级水泥 450kg，水 400kg，黄砂 160kg，珍珠岩 20～25kg，添加剂 1.5kg，发泡剂 0.6kg。

问者：配方里的添加剂是白袋子装的没有名称，不知道具体的成分，只知道有保水作用出现裂纹，用咱的外加剂怎么调试。

总工：保水不够出现裂纹，另外可以加入 15%～38%石膏替代水泥来解决。

案例三十一

问者：石膏空心隔墙板，900～3000mm规格，永济石膏120kg，煤灰50～60kg，P·C32.5级10kg，可做2块板，现在得放10d才能吊装装车。

问者：加水量10s。

总工：出现问题需要加入石膏速凝剂来解决。

案例三十二

问者：缓凝剂如何使用？缓凝剂对比试验，效果对比见表及图。

缓凝剂效果对比测试								
石膏：存放15d龙源天然石膏，室温：30℃，湿度：76%								
次数	石膏(g)	灰钙(g)	加水量(g)	搅拌(砂浆搅拌机)	申辉(g)	兴邦(g)	弗特恩(g)	开放时间(min)
第一次	1000	25	600	自动	0.6	—	—	43
第二次	1000	25	600	自动	—	0.6	—	85
第三次	1000	25	600	自动	—	—	0.6	28
第四次	1000	25	600	自动	—	—	—	12

问者：熟石膏的凝结过程分为哪几个阶段？

总工：(1) 溶解作用。在这种作用下，溶液逐渐被各种溶解物所饱和。半水石膏晶体结构中内在的残余力将水吸附在半水石膏颗粒的表面上。

(2) 水进入半水石膏的毛细孔，并保持物理吸附状态，结果形成了胶凝结构，这就是初凝。

(3) 凝胶体产生膨胀，水进入分子间或离子间的孔隙内。

(4) 由于水从物理吸附状态过渡到化学吸附状态，就产生了水化作用，伴随着溶液温度的升高，从而形成了二水石膏晶体。这些晶体逐渐长大，交错共生形成了一种密实的物体，这就是终凝。

(5) 胶凝作用。在这阶段内，化学反应的所有生成物都成为胶凝状态，这就是初级阶段。

(6) 结晶作用。此阶段胶体转变成大晶体核，这就是硬化阶段。

问者：建筑石膏水化放热分为几个阶段及缓凝剂对其水化放热进程有什么影响?

总工：建筑石膏水化放热分为3个阶段：

第1阶段石膏与水接触释放出溶解热，水化温度升高，但在一定时间内水化温度增长缓慢。

第2阶段为加速期，水化温度迅速升高。

第3阶段水化速率减慢，温度达到峰值。

水化温度的加速阶段对应于石膏初凝到终凝时期。掺入缓凝剂后，在初凝后开始加速升温，终凝时开始大量放热，温度迅速升高，温度峰值出现在终凝后，表明在初凝之前的诱导期是结晶准备阶段，晶核尚未长大与相互搭接，在初凝之后开始急剧结晶，终凝之后晶体大量搭接，形成结晶结构网。与空白样比较，高蛋白使石膏初期水化温度明显降低，表明它对建筑石膏水化初期有明显的抑制作用。

问者：过烧石膏的活性是如何判定的?

总工：熟石膏中的半水石膏对过烧石膏的水化具有催化作用。一般来说，在水溶液里7d能产生水化反应的过烧石膏，称之为活性过烧石膏。水化期超过7d的则为“惰性填料”，它对熟石膏的晶体结构就没起到加强作用。

案例三十三

问者：这种板材如何提高强度。

总工：石膏基的，减水剂推321。

总工：可以加石膏0.2%。

案例三十四

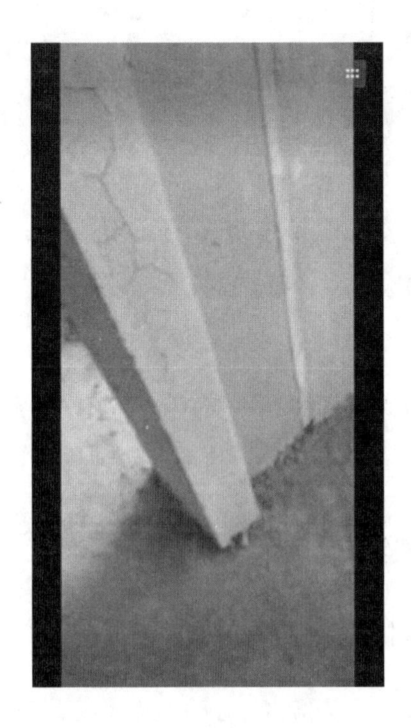

问者：这是什么问题呢？只有门框上龟裂，墙体没有。

问者：用超开放时间的涂抹门框？

问者：门框确实是最后涂抹的。

问者：建议怎么解决？

总工：铲掉重抹。

案例三十五

问者：重质抹灰石膏（不带砂），这种开裂是什么问题呢？山东聊城的脱硫石膏。

总工：施工问题，不像是石膏问题。

案例三十六

问者：小裂纹挺多的。

总工：这个不好说，看到有横纹。

问者：石膏粉　660kg；

　　石粉　220kg；

　　轻质砂　110（50～70）kg；

　　HPMC　1.5kg；

　　缓凝剂根据石膏粉实际情况来。

总工：缓凝剂加到 2kg。

总工：纤维素保水不够，也会出现裂纹。

案例三十七

问者：磷石膏，想做石膏条板，提高强度，我给他发了缓凝剂和 321 石膏增强剂，建议各加多少呢？

总工：问石膏线条机器要求工作时间多长？

问者：6min。

总工：缓凝剂加 0.1kg/t，321 石膏增强剂加 0.5kg/t。

案例三十八

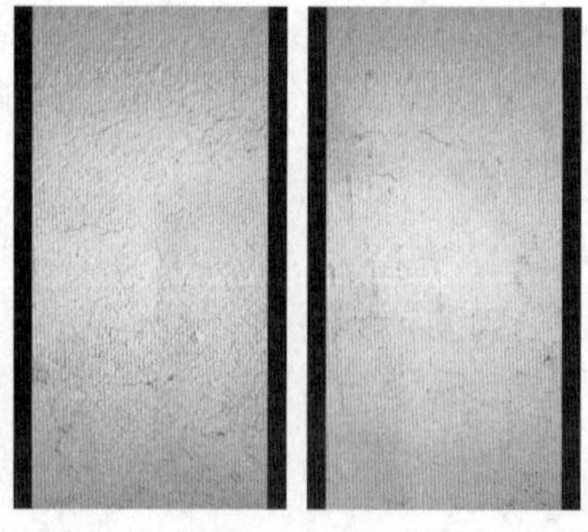

问者：这个是什么原因导致的开裂呢？跟纤维素保水有关系吗？

总工：不一定。

总工：这种裂很像施工问题。

问者：一次涂抹太厚？

总工：超过 2cm 会出现此类问题。

案例三十九

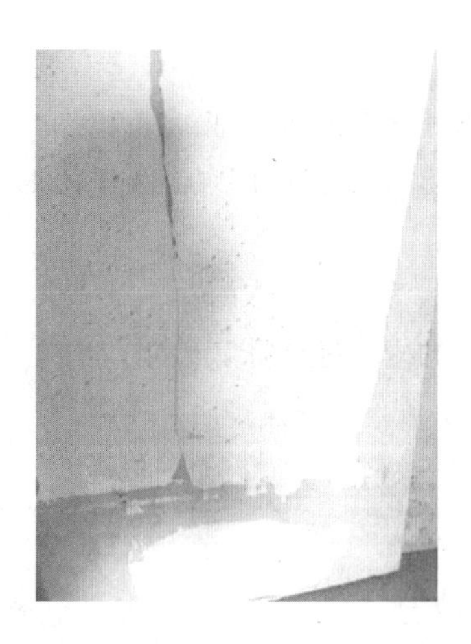

问者：821 腻子批在硅酸钙板上起泡，这种跟基材有关系吗？

总工：板的问题。

问者：同一个腻子，不同的板，状况如图。

总工：问问客户能买下天然石膏吗？

问者：如果加石膏进去，那缓凝剂是不是也得加？

总工：是的，用石膏腻子能够解决问题。

案例四十

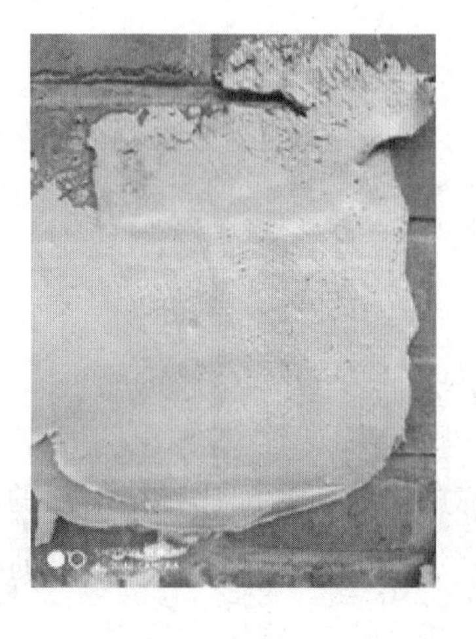

问者：石膏　700kg；

　　　玻珠　100kg；

水泥　20kg；

重钙　50kg；

细砂　130kg；

缓凝剂　1.5kg；

U4万　2kg；

淀粉醚　0.5kg。

问者：客户说收了两三遍还是有这种气泡。

总工：把玻珠降到60kg，加40kg细砂，加1kgBP24，其他不动。

案例四十一

问者：总工，这是客户做的内墙轻质抹灰砂浆，出现了这种大的横裂纹。

问者：水泥　260kg；

砂子　370kg；

石粉　370kg；

玻珠　13×4=52（包）；

纤维素　1.5kg；

胶粉　6kg；

短纤维　1kg。

总工：轻质抹灰加水泥？

问者：这是福建客户，做的水泥基的。

问者：调整到多少合适呀？

总工：水泥　260kg；

砂子　500kg；

石粉　240kg；

玻化微珠　13～15包；

纤维素　1.5kg；

胶粉　6kg；

短纤维　1kg；

木质纤维　4kg。

案例四十二

问者：总工，这是客户做的嵌缝石膏配比，粘吊顶的石膏板材中间留的那个缝用的，客户说抹的时候是平的，但是干了之后它就往里收缩，这个问题是配比不合理，还是需要加什么外加剂吗？

问者：重钙　650kg；

石膏　350kg；

纤维素 3.5kg；

缓凝剂 2kg；

进口淀粉醚 1kg。

总工：石膏加到 600kg，钙粉 400kg，缓凝剂 2.5kg，纤维素 2.5kg，AY02 0.2kg。

案例四十三

问者：总工，客户用的山东的脱硫石膏。他做轻质抹灰石膏，每吨加了 700kg 石膏粉，用咱们缓凝剂加了 1.5kg 干得快，加入 2kg 又一两天都干不了，这是怎么回事呀？

问者：加了 1.7kg 缓凝剂，1 天都干不了。

总工：那就是石膏加入缓凝剂的量有个掺量范围问题，也就是工人们常说的拐点。

案例四十四

问者：总工，给客户做的石膏珍珠岩腻子，感觉倒是不沉，昨天加了 1.8kg 缓凝剂不到 1h 就初凝了，1.5h 完全硬化了，我把缓凝剂调到了 2.5kg，一个半小时初凝。

总工：按 2.5kg 推荐给他。

问者：就是从下往上刮，底下厚上面薄，开始有一点往下垂，是我刮的问题吗？

总工：这个你从加水量的合理性角度考虑。

案例四十五

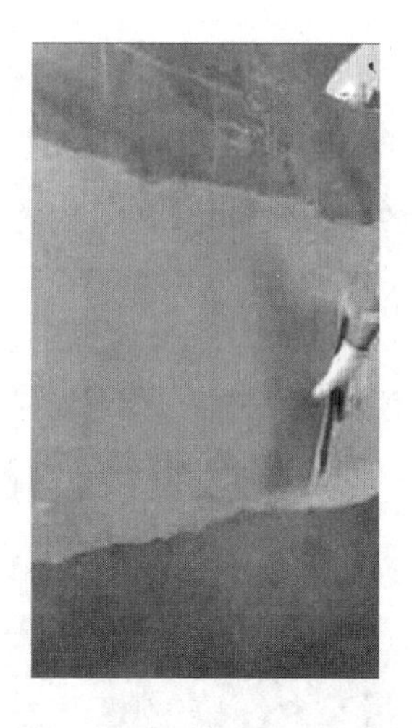

问者：总工，这是客户做的粉刷石膏，大板收的时候就有点卷皮。

问者：四川客户，配比。

石膏：380kg；

重钙：400kg；

石英砂：200kg；

白水泥：20kg；

缓凝剂：0.8kg；

U4 万：2.5kg；

AY02：0.1kg；

木质纤维：1kg。

问者：如果刮厚了收两遍更快卷皮。

总工：以现在的天气，U4 万加到 4kg。

案例四十六

问者：总工，这是客户做的轻质抹灰石膏，冲 10 根筋，有 3 根出问题，这种问题怎么解决，影响冲筋断筋的有哪几个因素？

问者：石膏：750kg；

砂子：200kg；

玻珠：7 包；

纤维素：3.5kg；

缓凝剂适量，时间为 50～60min。

淀粉酶：0.3；

木质纤维：2kg。

问者：70～90 目的玻化微珠。

总工：影响冲筋断筋有强度过大、收缩过大等原因，玻珠最多加 1 包。

案例四十七

问者：总工，贵阳许总做的轻质石膏砂浆粘抹刀。您看怎么调一下？磷石膏 400kg，砂 70～100 目 550kg，玻珠 70 目，密度 110kg/m^3，U4 万 2kg，H13 1.3kg，滑爽剂 0.5kg，木质 0.5kg。

问者：粘抹刀还流挂。

问者：原来用石粉填充工人说刮着太累。

总工：先把石膏调到 650kg，砂 400kg，其他不动试试。

案例四十八

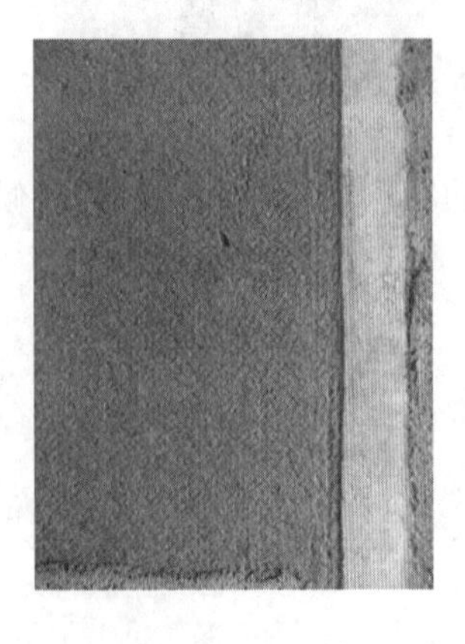

问者：总工好，秦皇岛客户做粉刷石膏，收缩了，比冲筋地方凹下去 2mm。石膏 175kg，40～70 目砂 825kg，纤维素 2kg，缓凝剂 1.8kg。

总工：石膏太少了，另加 AY02 0.2kg。

案例四十九

问者：总工好，张家口那个客户做粉刷石膏阴角开裂。石膏 150kg，重钙 50kg，砂 800kg，C7.5 万纤维素 1.8kg，缓凝剂 0.8，墙面没有开裂。

总工：石膏 250kg，重钙 50kg，砂 700kg，C7.5 万 1.5，缓凝剂 0.8。

案例五十

问者：总工好，客户做轻质石膏砂浆抹到剪力墙上 1.5～1.8cm，起泡。您有什么好的方法解决吗？客户用便宜的胶水做一下界面有效果，但还是有泡。

总工：只能用好的界面剂处理。

问者：聚乙烯醇 8kg，纤维素 6kg。配 1t 胶水可以吗？

总工：肯定不行。

案例五十一

问者：吴总反馈回来的水泥基自流平进展：面层自流平中用硫铝水泥和高铝水泥两种，硬石膏 50kg，砂（40～70kg、70～140kg 的全机制砂配），硅粉 800 目的，硅灰 2600kg 以上（防泌水防辐射），硫酸钡 600 目，由于材料多比表面积大，对减水率的要求也高，加我们的减水剂 1.6kg，100mL 的流动度指定在 140～150kg，20min 是 140kg。觉得我们的减水剂不如萘系还有三聚氰胺的光亮度好，减水率也不理想。减水剂我给的是 315 增强剂样品。

问者：自流平中加半水石膏和硬石膏的作用？

总工：自流平中加石膏为了调整收缩率，防止发生塑性开裂和硬化开裂，这两种石膏作用不同。

案例五十二

问者：总工，粉刷石膏发花是怎么回事？

总工：石膏有杂质。

案例五十三

问者：有个客户想增加粉刷石膏的强度，我推荐咱们的增强剂 315，客户要求兑水，让我寄小样，30g 的增强剂，兑多少克的水呢？

问者：他用的是天然石膏。

总工：做什么的？

问者：总工，他是做石膏线的。

总工：每吨石膏加 1.5～2.5kg。

总工：要把增强剂放水里兑。

案例五十四

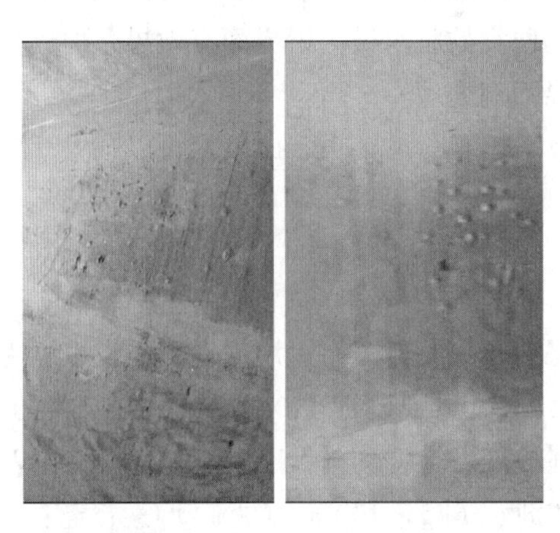

问者：总工，客户的粉刷石膏起泡。

问者：让给看看什么原因。

总工：界面处理了？

问者：没有。

总工：做下界面处理。

案例五十五

总工：有过烧。

问者：给他啥建议？

总工：石膏加到350kg，大白粉150kg，砂500kg。

总工：纤维素1.5kg，H13 1.6kg，淀粉醚0.5kg，AY02 0.1kg。

问者：他说做完以后一两天就裂了，石膏粉加到300kg，大白粉100kg还是裂。

问者：他这个开裂是石膏粉本身的问题吗？

问者：他说他用的是磷石膏。

问者：冲筋也裂了。

总工：这个是因为基层收缩不一致，导致石膏砂浆开裂。

案例五十六

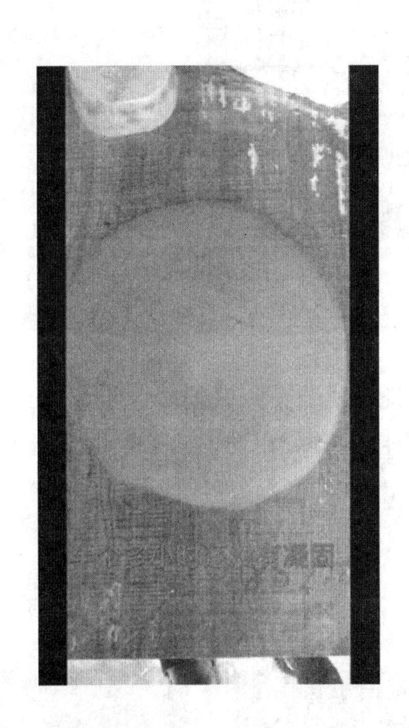

问者：脱硫石膏，用来生产抹灰石膏。

问者：含水率2%，结块。

问者：300g石膏+120g的水。

问者：30min不硬化。

问者：总工，他这个是不是没有经过煅烧的？

总工：给他反馈一下，未经过煅烧的脱硫石膏粉不能水化凝结，不能用。

案例五十七

问者：总工，客户说放了两年的石膏粉想用了有什么方法？

总工：和新的石膏粉掺着用。

总工：但必须加入10%～20%高强石膏粉拌均匀做全项检测。

案例五十八

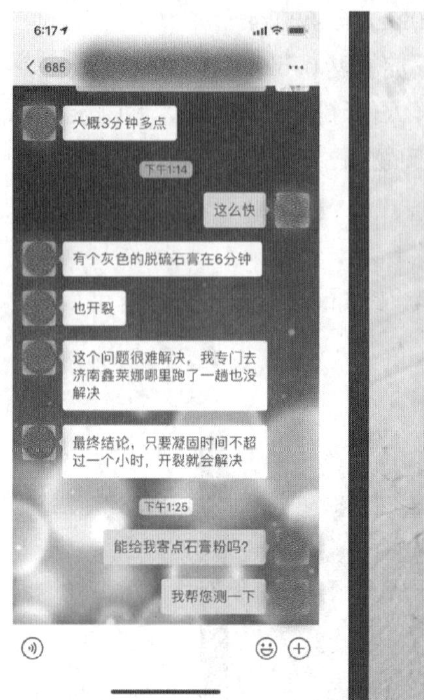

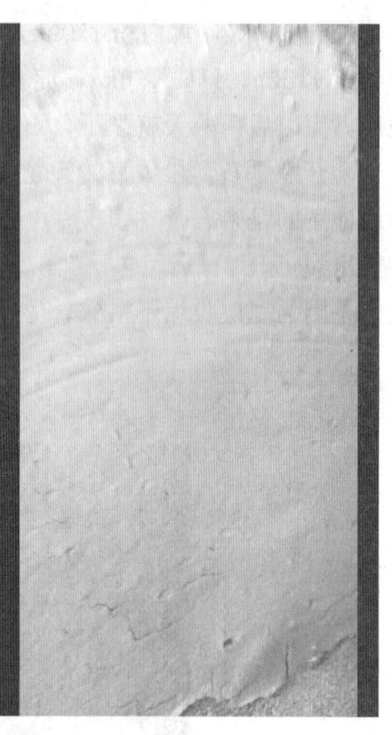

问者：总工，这个客户说用脱硫石膏做的嵌缝石膏 70min 就出现开裂。

问者：石膏 700kg，重钙 300kg，纤维素 3kg，缓凝剂 1.5kg。

总工：这是嵌缝过厚常出现的问题，纤维素加入过量产生表干内湿，内外层收缩变形不一致。

案例五十九

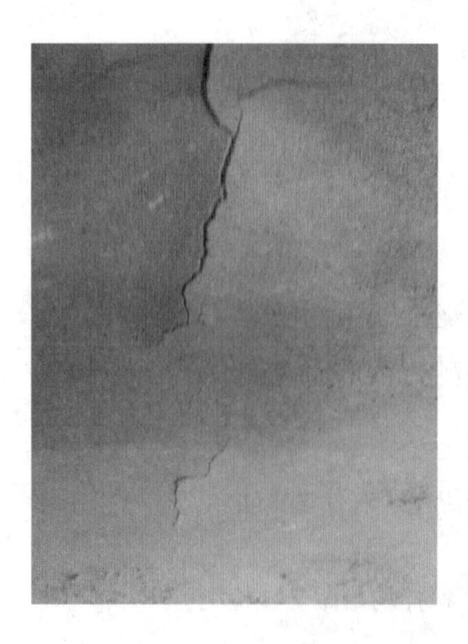

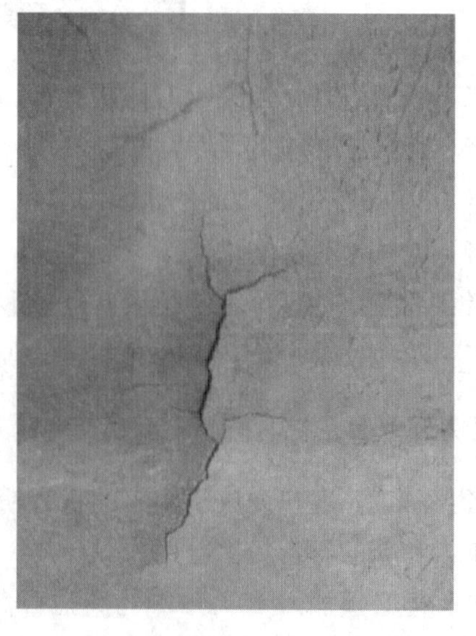

问者：石膏 280kg，重钙 150kg，灰钙 50kg，砂子 700kg，纤维素 2kg，缓凝剂 1.5kg，滑爽剂 1kg。

总工：这是灰钙不合格又没烧好的现象，也称“炸裂”。

案例六十

问者：总工，这个缓凝剂用咱们的，生产了 2t 货，不到半小时就凝固了，和 CMC 有关系吗，怎么调整下好呢？

问者：嵌缝石膏配方。

大白粉：500kg；

石膏：500kg；

缓凝剂：1.15kg；

HPMC 纤维素：5kg；

CMC 纤维素：2kg。

总工：不加 CMC。

问者：总工，昨天客户去掉 CMC 后就好了。

案例六十一

问者：两个配比如下：

(1)

重钙：250kg；

玻珠：100kg；

石膏：650kg；

U2000：0.5kg；

SH 淀粉醚：1kg；

AY-02：100g；

H-13：1.5kg。

(2)

重钙：200kg；

玻珠：50kg；

砂子：150kg；

石膏：650kg；

U4 万：0.5kg；

滑爽剂：1kg；

H-13：1.5kg。

问者：当时给了他们这两个配比，客户自己选择了第一个，客户反映说是初黏性不好，易堵机。客户要求初黏性好，好施工，不堵机。

总工：如果机喷用纤维素 10 万，但同时还得考虑不能过黏，机喷对于流动性、易喷性要求较高，加滑爽剂 1kg。

案例六十二

问者：总工，上次问您的那个磷石膏发霉的有眉目了吗?

总工：不好解决，杂质问题。

总工：一般磷石膏中磷粉以 3 种形式存在，有机磷影响较大，同时关于其他杂质含量也需注意。

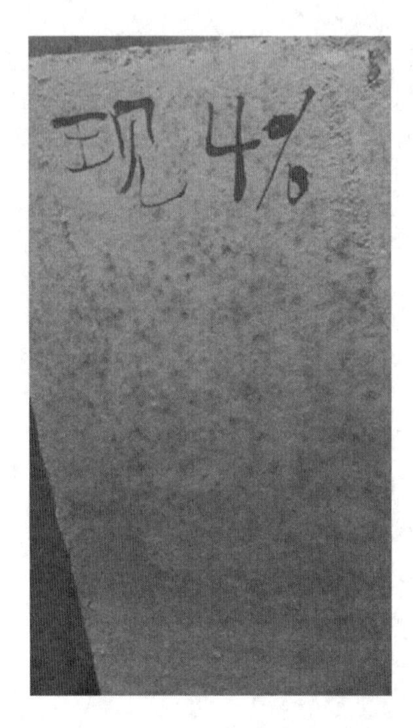

问者：总工，磷石膏加防霉剂加到 4kg 了还是没有效果。

总工：不能从细菌霉变性考虑。

案例六十三

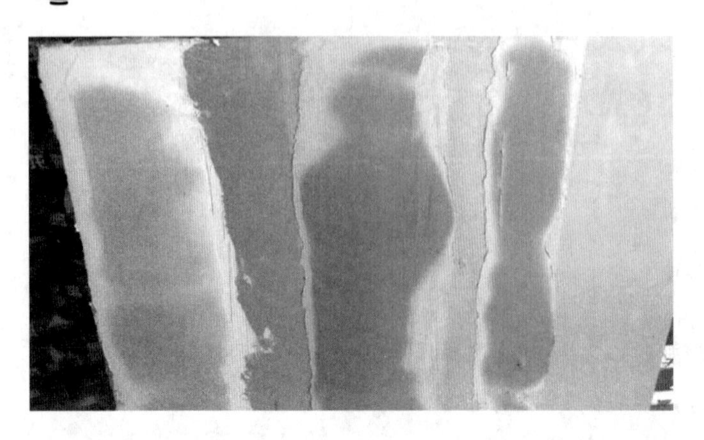

问者：粉刷石膏刮得薄的地方容易泛白，中间又不凝结，有时候有小细纹。

总工：石膏需要陈化，同时批刮过薄会造成失水过快，也有一定影响。

案例六十四

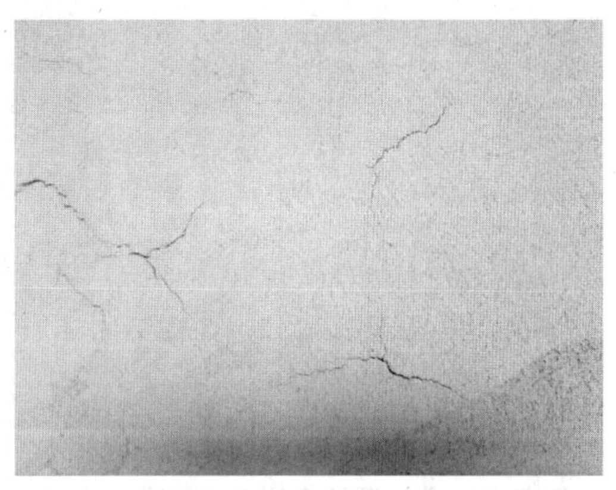

问者：总工，这个客户做的这个机喷石膏开裂，同样的配方做到别的墙体上就没问题。这个开裂的墙体是砖墙，也就是直接在红砖上喷的机喷石膏，一次喷了 2.5cm，一天一夜强度才完全上来。

问者：客户也知道这样不太合理，但是接了这个工程，就是这个需求，有没有什么办法改善这个情况？

问者：石英砂：500kg；

石膏粉：400kg；

大白粉：100kg；

纤维素：1.5kg；

缓凝剂：1.5kg；

聚乙烯醇：1kg；

滑爽剂：1kg。

总工：问问压光时间。

问者：是喷完之后用大杠刮，大杠刮完之后的压光时间吗？

总工：对，我看这个像压光时间过早了。

案例六十五

问者：石膏 400kg，大白粉 200kg，砂子 1t，纤维素 3kg，缓凝剂 1kg，胶粉 7kg。

问者：总工，您帮忙看一下，客户用这个配方做的粉刷石膏，全部空鼓了，这个从哪方面找原因啊？

总工：失粘。

问者：配比的问题，墙体的问题还是石膏粉的问题？

总工：配比问题，不能加这么多胶粉和纤维素。

案例六十六

问者：这是我给西宁的客户做的试验，抹在屋里的没事，外面的开裂了，一凝结就开裂了。

问者：石膏 400kg，砂子 600kg，321—1kg，木质 3kg，缓凝剂 1.5kg，纤维素 1.5kg。

问者：是基层的问题吗？还是我抹的手法不对。

总工：裂纹开裂处是基层缺角问题。

案例六十七

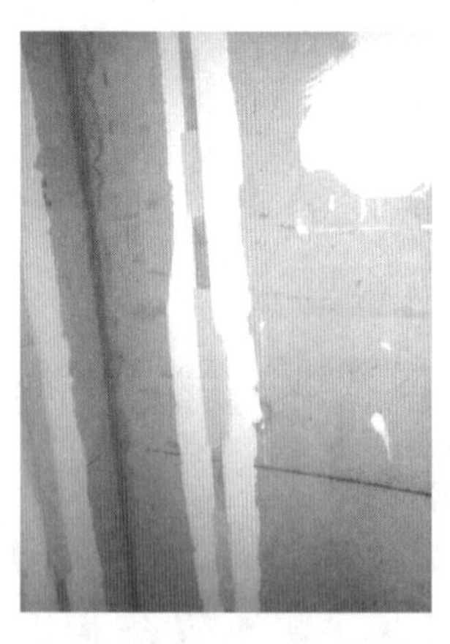

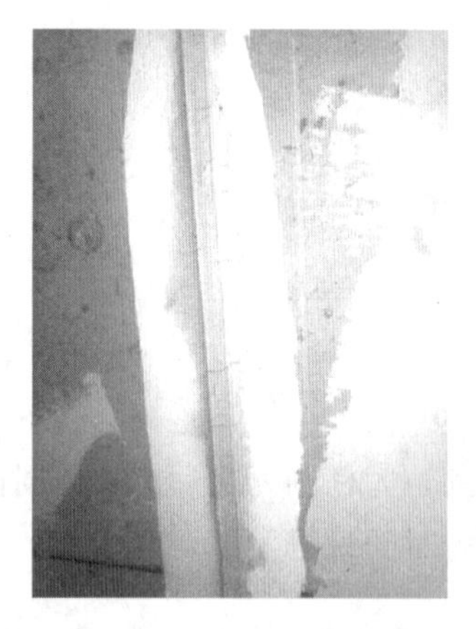

问者：总工，您帮我看看，这个客户做的冲筋石膏，开裂又脱落，是怎么回事啊？

问者：冲筋石膏配方为石膏粉 400kg，砂子 600kg，缓凝剂 4kg，纤维素 2kg。纤维素是咱们的，缓凝剂不是咱们的，也是蛋白的。

总工：断筋。

总工：这批石膏的三相分析等问下。

问者：客户不会分析，但问了是用刚拉回的热石膏生产的。

总工：由于热石膏存在大量无水Ⅲ型石膏会造成此类问题。

案例六十八

问者：石膏粉 400kg，砂 400kg，石粉 200kg，纤维素 2.5kg，木质素 2kg，聚乙烯醇粉末 2488 2kg。

问者：轻质抹灰，石膏粉 600kg，石粉 400kg，纤维素 2kg，木质素 2kg，聚乙烯醇粉末 2488 2kg，短纤维 1kg，珍珠岩 60kg。

问者：做重质和轻质的都开裂，上面是他用的配方，客户说换了两三家石膏粉了都这样。

总工：对，过厚会出现这样问题。

总工：缓凝剂 2kg 吗?

问者：缓凝剂 1.5～2kg。

问者：总工，这是客户发过来的两张图片，今天工地上刚反馈的，他用的是蛋白类的缓凝剂。还没有到终凝就开裂了，右边那个颜色发白的应该是风干了。

总工：过度缓凝问题，你让他把石膏数据测一下。

案例六十九

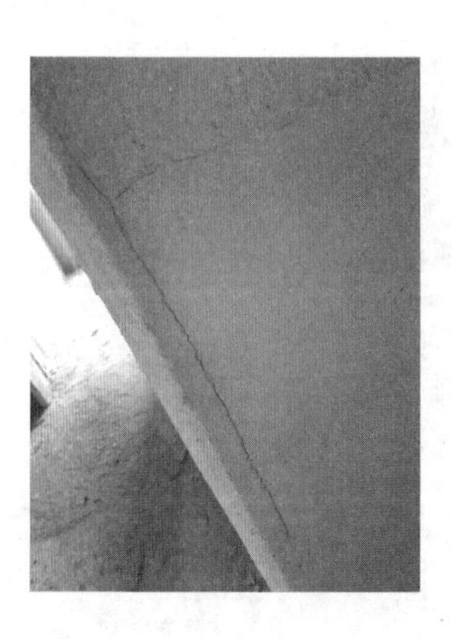

问者：总工，您看这个石膏裂缝是不是基层的原因?

总工：加网格布修补。

问者：在这个石膏层的基础上再加网格布吗？小范围地抹就行了，是吗？

总工：是，注意一下色差。

案例七十

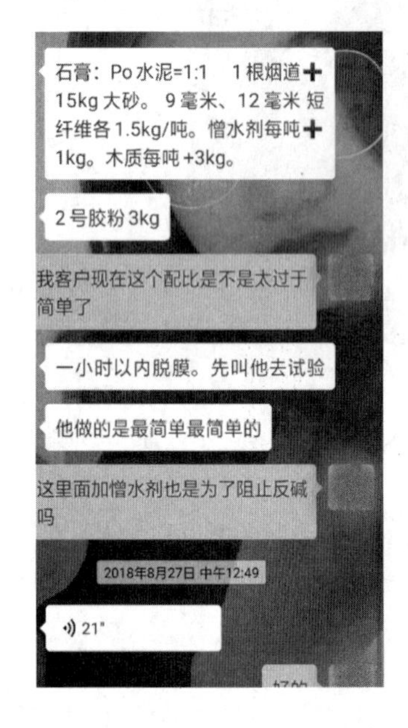

烟道管生产设备

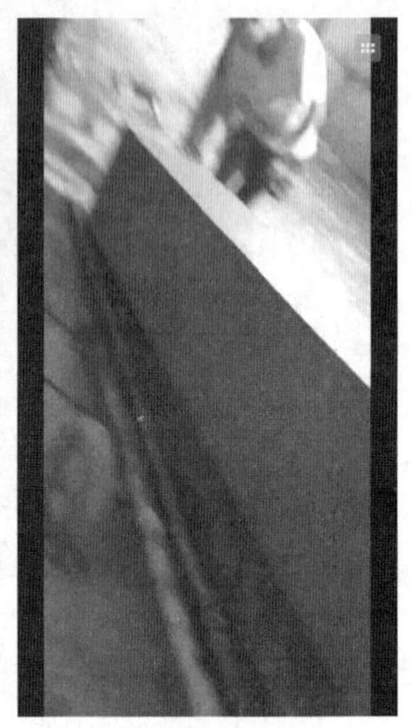

生产出来烟道管脱模

问者：总工，要是客户用石膏、水泥和砂做烟道，水泥和砂的比例各多少？

总工：石膏加入水泥属于胶凝材料互补，如何加砂需看用砂的具体情况，一般砂不超过胶凝材料50%。

案例七十一

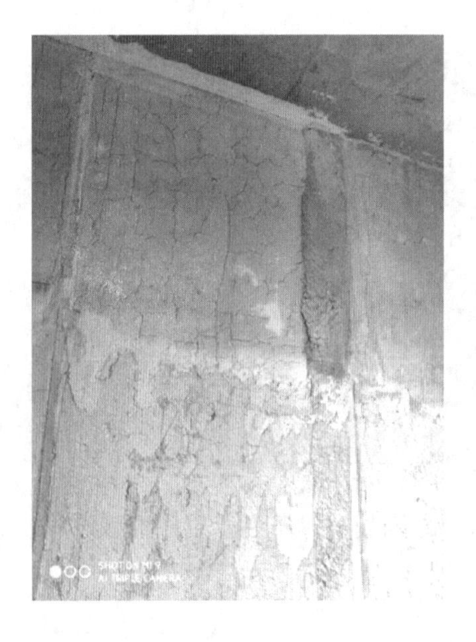

问者：总工，这是一个西宁的客户，说用的天然石膏粉，开裂严重，配方是石膏粉1t，缓凝剂 7kg，纤维素 7kg，砂子 2t，这是 3t 的料，情况是开裂，边上一会就干了，中间两三个小时才干。不是用的咱们的纤维素。

问者：是不是纤维素的问题？

问者：用的河北的纤维素，450kg 一袋的。

总工：从配量上看纤维素和缓凝剂都过量了。

问者：3t 加了 7kg 缓凝剂，缓凝剂也不是咱家的，是一个朋友介绍的。

问者：山东的一家缓凝剂，也是蛋白类的。

总工：问下厚度？开裂时间是 20min 左右？

问者：1～2cm，总工，两三个小时才干，抹上 20～30min 就开裂了。

总工：西宁温差比较大，早上抹的时候还－1℃呢，一出太阳就裂了，中午 14℃左右，下午抹的时候也是一抹上就裂了，下午温度在 10℃左右。

案例七十二

问者：石膏：400kg；

砂：600kg；

3HPMC10 万 3kg（河北厂）；

淀粉醚：0.3kg（我们家）；

缓凝剂：PE150g（意大利）。

问者：总工，这个重质石膏砂浆，墙面还是屋顶，一抹上去，立马起泡。

总工：薄打底，干了抹。

总工：另外，高效缓凝剂应该先预混分散一下再用。

案例七十三

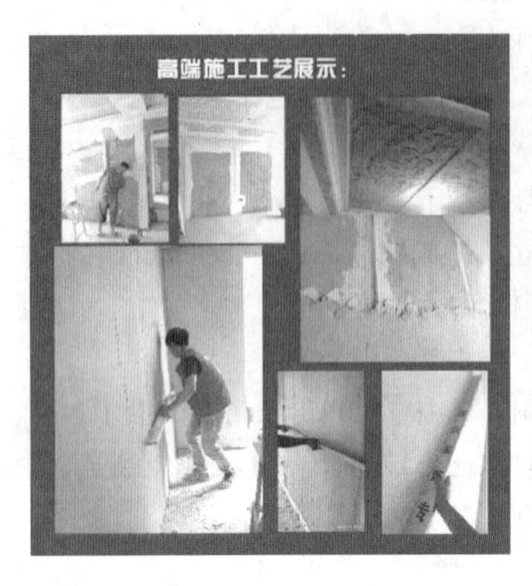

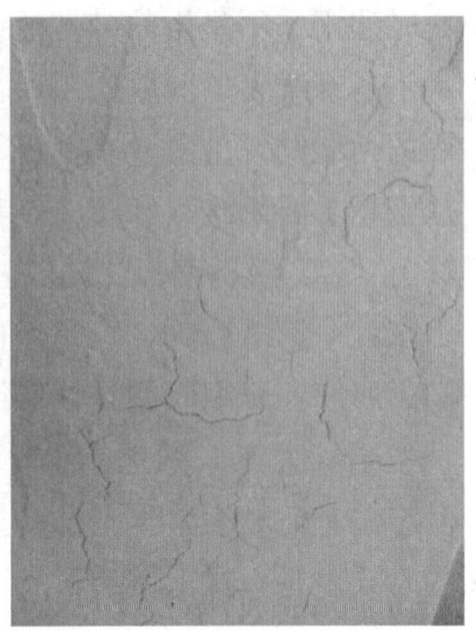

问者：这个裂纹是上午出现的，下午近晚上的时候出现开裂。

问者：是湖南常德当地的石膏。

问者：天然石膏：700kg；

砂：350～400kg；

灰钙：50kg；

HPMC（10万）：4kg；

2488：3kg；

胶乳粉：5kg；

缓凝剂：3kg；

木质素 H-300：3kg；

淀粉醚：0.3kg。

问者：热石膏。厚度0.8cm、1cm、1cm以上都出现过开裂，能补救吗？

总工：石膏需陈化，配方没有问题。

案例七十四

问者：总工，一根烟道，4h 没开裂，7h 开裂了。

问者：张总想法产品太脆，需要加点调整柔韧性的东西。

问者：加点短纤维，或者加点乳胶粉。

总工：正常情况下，石膏膨胀率 0.45，现在因为做石膏烟道，膨胀率控制到 0.012。

问者：实际砂 74.33kg，粉 53.65kg，水 30kg，还是有裂纹（砂子多了半桶，粉少了半桶）。

问者：石膏烟道管堆放后直接开裂。

总工：使用专用外加剂，调节早强时间加以改进。

 **案例七十五**

问者：石膏：150kg；

重钙：150kg；

细砂：700kg；

纤维素 10 万（河北）：1.8kg；

缓凝剂（弗特恩）：2kg；

2488：2kg。

问者：总工，客户用的石膏是原石膏，没有测初终凝。

问者：昨天下午工人干的，今天早上上班发现开裂。

问者：石膏粉已经陈化 10 多天了。

总工：基层含水率不一致。

总工：石膏加入量太少，强度不够，调整一下配比。

总工：石膏：250kg；

重钙：50kg；

细砂：700kg；

纤维素 10 万（河北）：1.8kg；

缓凝剂（弗特恩）：1kg；

木质素：1kg；

聚乙烯石膏粉末（BP24）：1kg。

案例七十六

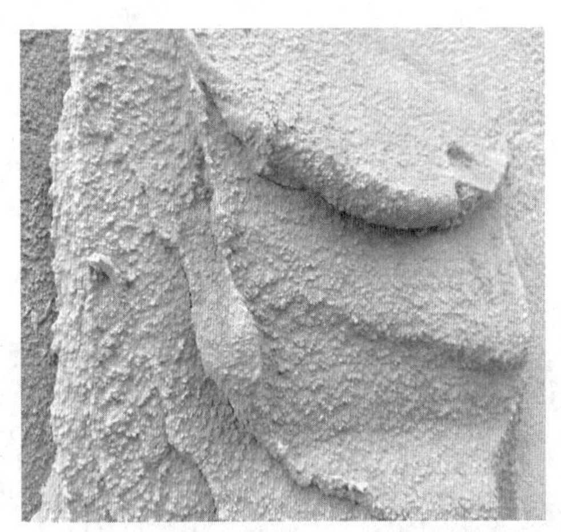

问者：石膏：750kg；

砂子：80kg；

重钙：100kg；

玻珠：50kg；

水泥：20kg；

缓凝剂：1.1kg；

4 万黏度纤维素：2.4kg；

引气剂：0.1kg；

聚乙烯醇：0.9kg；

木质素：2kg。

总工：商丘石膏？

问者：对，商丘民权石膏。

问者：他们郭工问我，是什么原因开裂的。

问者：上墙时间是 18 点，硬化时间是 22 点。

问者：开裂时间最后客户没注意看。

总工：这个问题不太正常，加入 1.1kg 缓凝剂，能有这么长时间不硬化？让客户重新看下称量系统。

案例七十七

问者：总工，轻质石膏砂浆，涂布率想达到 180，加点什么合适？

我有个贵阳的合作客户，他们包工包料，有自己的石膏厂家，现在涂布率做的 160，想达到 180 的涂布率，说有一种石膏膨胀剂，可以达到。

总工：这个太容易出问题，加发泡剂。

问者：是石膏专用发泡剂吗，总工？

总工：可以加石膏发泡剂，但加入适量。

案例七十八

问者：总工，村长家的这个石膏粉能做嵌缝石膏用不？

问者：他们寄过来的是原石膏。

问者：抹了不到 1cm。

问者：总工，这个是做的面层粉刷石膏，昨天晚上 7 点多做上去的，有 12 个小时多了，还没干。

总工：石膏问题。

问者：做出来看着还是比较黏，有点粘刀。

总工：这个石膏需要做三相检测、杂质检测。

案例七十九

问者：总工，客户问这个柠檬酸钠石膏的煅烧工艺，我回答不出来。

问者：柠檬酸钠石膏与脱硫石膏、磷石膏、天然石膏之间的区别。

总工：回转式干燥，沸腾炉煅烧，冷却陈化，粉磨混合。

问者：现在市场上已经有这种石膏了吗？我问了很多客户，他们没注意过这种石膏。

问者：一个做石膏粉的客户告诉我说，产生渠道不一样，成分一样都是二水硫酸钙。

总工：但要注意一下柠檬酸石膏的颜色。

案例八十

问者：总工，客户的石膏粉，想做轻质还有重质。

问者：贵州遵义的。

问者：石膏：360kg；

重钙：445kg；

砂子：130kg；

P·O 42.5 水泥：25kg；

缓凝剂 H13：1.8kg；

纤维素 U4 万：2.2kg；

引气剂 Ay-02：0.1g；

木质纤维 H300：1kg。

问者：强度可以。

问者：嗯，纤维素开始用 4 万的特别黏，就把纤维素黏度调成 200 的了，初凝时间长，2h 摸上去大概还是软的。

总工：缓凝剂改成 1.2kg，看看多久硬化。

问者：硬化时间为 80min。

案例八十一

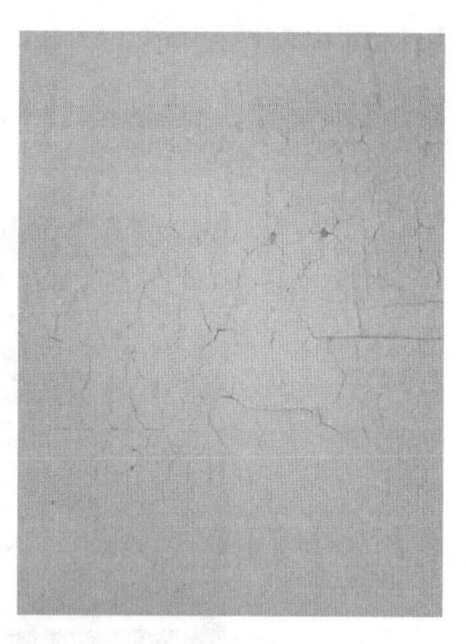

问者：石膏 400kg，粗重钙 600kg，纤维素 2.5kg，缓凝剂 0.04kg。

问者：总工，客户做的粉刷石膏，出现开裂，且粘结力不够，是什么原因？

问者：他说这个问题冬天不会有，夏天会出现这样的情况。

总工：石膏出厂含水率在 5%～6%，初凝时间 8min，终凝 20min，弱酸性。

总工：纤维素加到 2.5kg，AY02 0.2kg。

总工：因为缓凝剂在夏天缓凝效果不同于冬天。

案例八十二

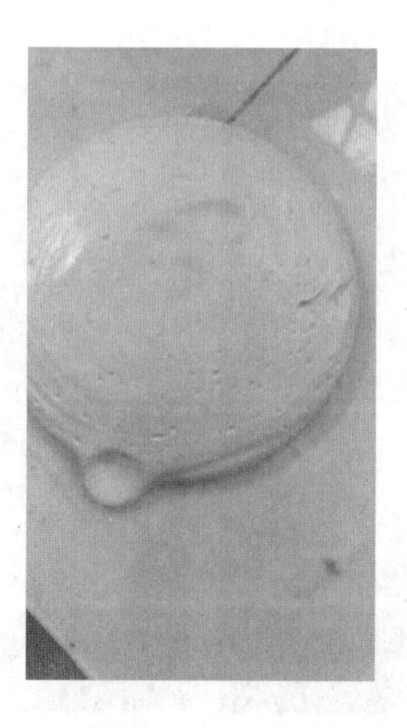

问者：总工，我有个客户湖北应城的，做的 KS 石膏粉，他之前试了咱们的聚羧酸减水剂效果挺好的，先定了 5 包，用完前两天又定了 0.5t，这次货发过去之后客户反映有很多气泡，材料都没换，配比也一样，看看是怎么回事？

问者：他说他做的这个产品里面添加剂有十几种，然后上次发的5袋聚羧酸减水剂用着就没问题，这次发过去用着出现很多气泡。

总工：估计是材料相容性的问题，问问他用的促凝剂的纯度。

案例八十三

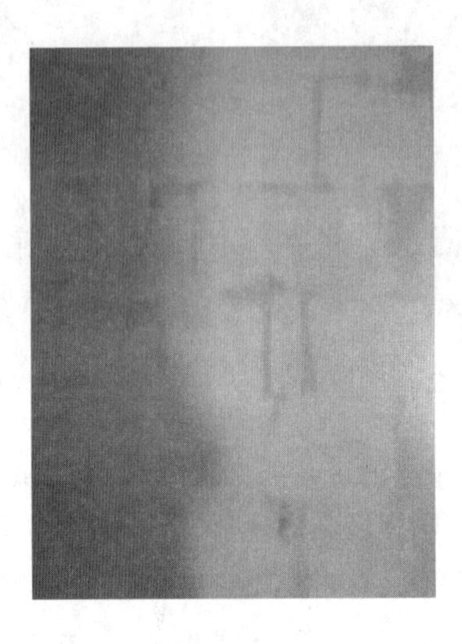

问者：总工，客户用的是柠檬酸的缓凝剂，墙砌了一个月了才挂的网布，接缝处出现一块干一块不干情况。

总工：这种情况多是与砌块的内部含水率有关。

案例八十四

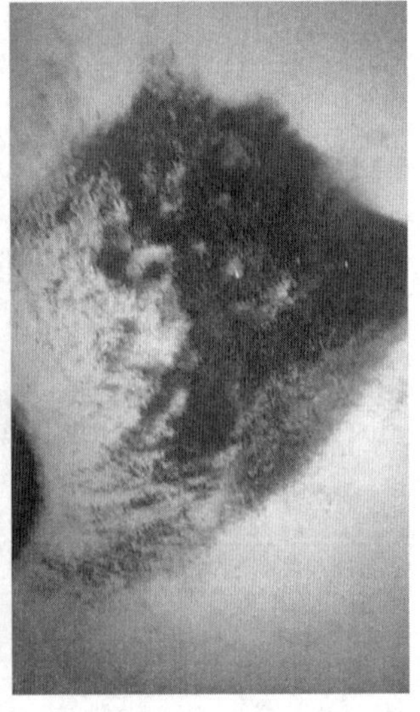

问者：总工，我昨天检测了一个石膏，初凝22min48s，终凝30min37s，发热时间35min45s，最热时间40min12s。

问者：客户做的重质粉刷石膏，他们当地主要用这个石膏砂浆批顶棚，工地反映有塌坑的情况。应该怎么给他调一下呢？

问者：石膏粉里杂质挺多的，做完初终凝后玻璃片上都是水珠，不知道是什么原因。

问者：石膏粉：600kg；
砂：400kg；
缓凝剂：1.6kg；
纤维素：2kg；
短纤维：1kg；
聚乙烯醇：2.5kg。

总工：改一下配比：
石膏粉：580kg；
灰钙：20kg；
砂：400kg；
缓凝剂：1.6kg；
纤维素：1.5kg；
短纤维：1kg；
聚乙烯醇：1kg；
AY02：0.2kg。

案例八十五

问者：喷到墙上 5min 左右一刮就是上面图片的情况。

问者：石膏粉：450kg；

滑石粉：550kg；

珍珠岩：80kg；

木质纤维：2kg；

引气剂：0.2kg；

4 万纤维素：2kg；

缓凝剂：0.6kg。

总工：粒径分布过窄，包裹率差。

总工：再把石膏加 50kg。

总工：珍珠岩细度过粗，另外加入量降低 20kg。

案例八十六

问者：总工，客户用咱的 U4 万（纤维素）、H300（木质纤维）、AY02 做的石膏，是怎么回事啊？

问者：1t 加 2kg 木质纤维，0.2kg 引气剂，2kg 纤维素。

总工：重质的。出现此类问题首先考虑初黏性问题，建议石膏多加 30kg/t。

案例八十七

问者：总工，周口有一个客户做重质粉刷石膏，他说同一批石膏粉同一个配比，做大货的凝结时间比做 2kg 小样的凝结时间差了一个多小时。这个是什么原因？

问者：菏泽石膏 500kg（陈化 9d）。

砂子：500kg；

白水泥：50kg；

申辉缓凝剂：1kg；

河北纤维素：3kg。

问者：客户找不到原因，想问问是不是缓凝剂的原因。

总工：石膏的稳定性问题更需要注意初凝时间的偏差。因为石膏初凝时间差 10mm，如用于生产粉刷石膏会造成相差 40mm。

案例八十八

问者：总工，有个客户做烟道，想要 10min 脱模，普通硅酸盐水泥加高铝水泥什么比例可以达到效果。

问者：烟道是人工的。

总工：8∶2。

问者：客户还要加部分石膏，注意事项有哪些?

总工：需要看石膏氯离子、钾钠离子含量，及石膏强度。

案例八十九

问者：石膏粉：300kg；

砂子：700kg；

弗特恩缓凝剂：1kg；

2000 纤维素：1.5kg；

引气剂：0.2kg。

问者：用这个配比做，2h，表面有点干，里面一点都没有硬度。

问者：需水量 57%。

初凝 9min10s；

终凝 15min38s。

问者：次做石膏陈化了大概 7d。

需水量 62%；

初凝 15min19s；

终凝 21min55s。

问者：这次用陈化了 14d 的石膏生产，配比与第一次相同，凝结时间没有问题，但开裂了。

总工：加入白水泥 10～20kg 就好了。

问者：反馈，今天做了试验，10kg 水泥开裂，20kg 就好了。

案例九十

问者：重质粉刷石膏，抹到墙上起泡，边角下垂是怎么回事啊？

问者：剪力墙和加气块都有。

总工：做界面处理了吗？

问者：没做界面处理。

 案例九十一

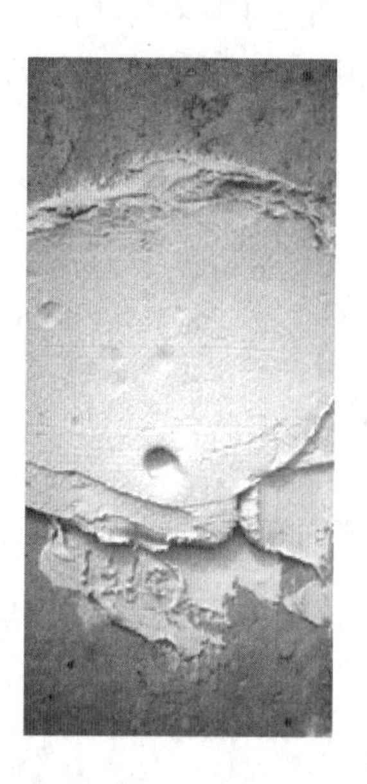

问者：石膏 400kg，砂 550kg，重钙 50kg，H13 0.5kg，纤维素（4 万）1.5kg，AY02 0.2kg，木质 2kg，BP24 3kg。

问者：总工，这个太黏了，石膏加到 300kg，砂子 650kg，重钙 50kg，缓凝剂 0.5kg；纤维素（4 万）1.5kg，AY02 0.2kg，滑爽剂 0.4kg，还是黏。

总工：换专用纤维素。

问者：第一组一个半小时，干了，没有开裂。第二组一个小时，还没干，已经开裂了。

总工：第二组石膏加到 300kg，砂子 650kg，重钙 50kg，缓凝剂 0.5kg，纤维素（4 万）1.5kg，AY02 0.2kg，滑爽剂 0.4kg，还是黏。

总工：按我说的做，纤维素用 1kg，纤维素用 4 万黏度的，并与 0.5kg 专用纤维素混合使用。

案例九十二

问者：总工，做轻质抹灰石膏，说打卷，是给他发 4 万黏度的纤维素，还是 2000 黏度纤维素。

总工：2000 黏度的。

总工：注意一下抹灰厚度 2cm 厚有无垂挂。

案例九十三

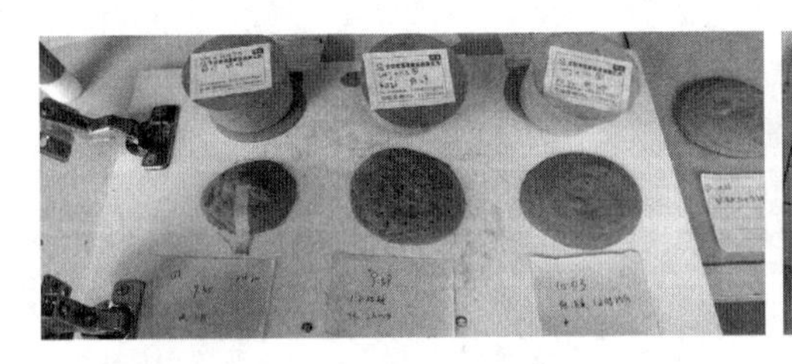

问者：需水量变化很大，昨天客户说 65%，我们做的 70%，重新取了样品，今天测了标准稠度需水量为 73%。

总工：标准稠度需水量 73%的石膏是经过处理的。

问者：总工，中间隔了 3d 称的质量，还有其他影响因素来说明一下吗？

总工：石膏和缓凝剂的相容性是要试验的。

案例九十四

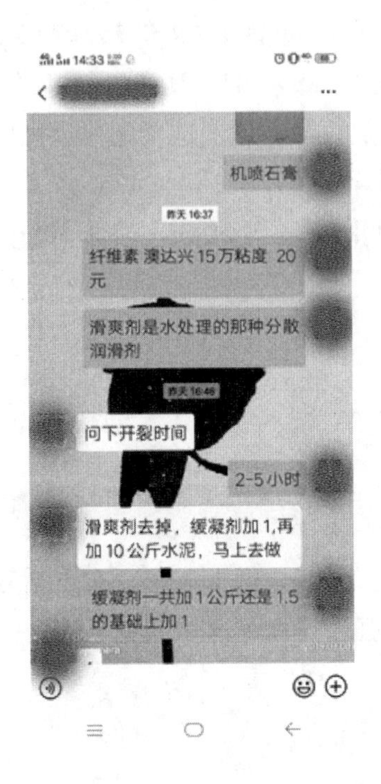

问者：机喷石膏开裂，昨天把石膏数据发给你了。

问者：加 10kg 白水泥是吧，总工？

问者：客户在水泥墙面做的试验初凝 20min，黏度高粘抹子，强度高。

问者：终凝差不多 40min。

问者：总工，2h 没有开裂。

总工：好的，明天看强度。

案例九十五

问者：350kg 石膏；

350kg 矿粉；

300kg 细砂；

3kg 石膏缓凝剂；

2.5kg 纤维素；

1kg2488；

0.5kg 淀粉醚。

问者：总工，喀什的客户做的粉刷石膏，刮得厚就开裂，刮 5mm 的时候有时候裂有时候不裂。

问者：客户加缓凝剂多，要求 3h 缓凝时间。

总工：过度缓凝。

总工：把缓凝剂降到 1.8kg。

案例九十六

问者：石膏 650kg，砂 180kg，重钙 100kg，玻珠 50kg，AY02 0.2kg，聚羧酸系减水剂 315 0.3kg，纤维素（4 万）2kg，H13 2.2kg，木质纤维 1kg，顺滑剂 1kg。

问者：总工，这个轻质抹灰石膏，用了这个配比，强度不好。

问者：石膏是白水脱硫石膏。

总工：石膏 720kg，砂 180kg，重钙 50kg，玻珠 50kg；

AY02 0.1kg；

减水剂 0.3kg；

4 万纤维素 2，H13 1.8kg；

木质纤维 1kg；

顺滑剂 1kg；

2488 2kg。

问者：我们今天按照这个又给客户做了一遍，有点粘刀。

总工：这个好解决，如果强度可以，这个问题不大。

案例九十七

问者：石膏 700～750kg；
钙粉 250kg；
玻化微珠 70kg；
纤维素 2kg；
淀粉醚 1kg；
缓凝剂 1kg；
木质 2488 1kg。
问者：做完 1h 就开裂了。
总工：石膏陈化过吗？
问者：1 个月。
问者：同样配比，手工涂抹不裂。
总工：这个问题和加水量有关。

案例九十八

问者：石膏：400kg；
重钙：100kg；
砂子：500kg；
U4 万：2kg；
缓凝剂：1.5kg；

木质：1kg；

2488：2kg；

AY02：100g。

总工：做过强度试验？

问者：纯石膏的还可以。

问者：成品不行。

总工：问下成品检测方法是否合理，另轻质抹灰按标准要求。检测一下保水率，如果保水率过高，24h强度也差。

案例九十九

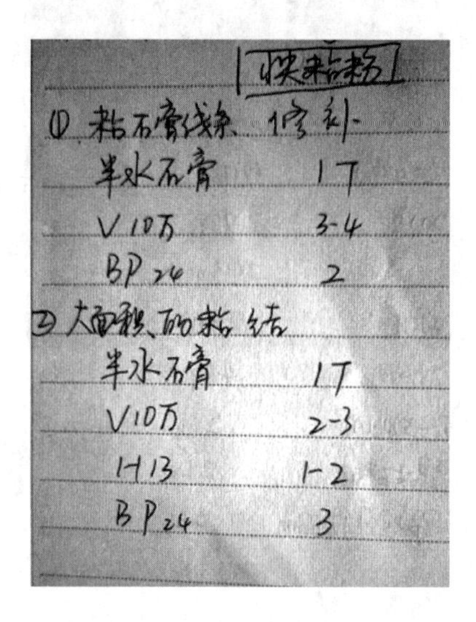

问者：总工，客户想做快粘粉，现在用的是这个配方，不太稳定，这次好用，下次不好用。我给他推荐的是咱们加聚乙烯醇的配方，然后他说加1t石膏粉的话，太硬了，成本太高。

总工：需要加入重钙，一般20%，另外需要注意粘结力要高，切削修角不开裂，不收缩，施工性好。

第四章　石膏的综合利用

第一节　利用工业副产石膏制备复合胶凝材料

20世纪70年代，发明了硫铝酸盐水泥，该水泥特征是其熟料中含有大量硫铝酸钙矿物，具有早强、高强、低碱度的特点，但生产成本较高，硅酸盐系列水泥是当今世界上最主要的建筑用胶凝材料，它的熟料以硅酸三钙矿物为主，具有性能稳定、生产成本低等优点。一般情况下，硫铝酸盐水泥和硅酸盐水泥不得混合使用。试验证明：这两种水泥混合时，在很大的配比范围内将出现复合水泥凝结时间急剧加快，甚至发生急凝，早期强度明显降低的问题。通过试验发现：在硫铝酸盐水泥中可掺入适量的石膏（包括工业副产石膏）等材料，可以制得快硬、早强、高强及干缩率低的复合胶凝材料体系，同时降低特性水泥的生产成本。

复合胶凝材料主要用来配制具有特殊性能和用途的特种干粉砂浆，以满足建筑上的各种高标准要求，例如：

（1）以缩短工期、快速交付使用为目的（冬期施工）的各种快硬性砂浆。主要利用硫铝酸盐水泥和硅酸盐水泥混合物的快凝、快硬特性。

（2）以获得优良修补性能为目的的各种修补砂浆。主要利用硫铝酸盐水泥、硅酸盐水泥和石膏等混合物的快硬特性和反应形成具有膨胀特性的钙矾石。

（3）无收缩灌浆材料。主要利用硫铝酸盐水泥和硅酸盐水泥、石膏等混合物反应生成具有膨胀特性的钙矾石，用于大型设备、高精确度设备安装时的地基锚固，以及钢结构建筑物的施工。

（4）防水堵漏材料。主要利用硫铝酸盐水泥、石灰、石膏，硅酸盐水泥、石灰、石膏等材料的快速反应能力和快速生成膨胀性钙矾石的性能。

（5）自流平地面材料。由十几种原材料配置而成，利用了硫铝酸盐水泥、硅酸盐水泥和石膏的反应和控制技术。

（6）墙地砖粘贴用水泥基砂浆。为了调节砂浆的凝结硬化时间以及降低收缩等性能，需掺入硫铝酸盐水泥。

总之，复合胶凝材料体系是配制特种砂浆的关键和基础。复合胶凝材料的化学成分分析见表4-1：

表 4-1 硫铝酸盐水泥、普通硅酸盐水泥和石膏的化学成分（%）

种类	Al_2O_3	CaO	SiO_2	Fe_2O_3	MgO	TiO_2	K_2O+Na_2O	SO_3
SAC	29.48	40.98	7.00	1.45	2.45	1.58	2.72	12.01
OPC	4.0～8.0	61.0～69.0	18.0～24.0	1.0～4.0	0.5～4.0	0.2～0.9	0.4～2.2	2.0～3.5
HS	1.25	40.70	5.46	0.24	0.20	—	—	46.06

组成体系的原材料有三种，即硅酸盐水泥、硫铝酸盐水泥、硬石膏，其中硬石膏在硅酸盐水泥和硫铝酸盐水泥中作用有所不同。在硅酸盐水泥中石膏的作用主要是调节凝结时间，而在硫铝酸盐水泥中，石膏掺量不同可以决定其性能和相应的品种。一般来说，硅酸盐水泥中石膏掺量（以 SO_3 计）不能超过 3.5%，而在硫铝酸盐水泥中石膏掺量 0～5%为高强硫铝酸盐水泥，5%～15%为快硬硫铝酸盐水泥，随着石膏掺量的不同，还有膨胀硫铝酸盐水泥和自应力型硫铝酸盐水泥。硅酸盐和硫铝酸盐两个不同的体系复合，一方面可改善硫铝酸盐水泥的性能，达到早强、高强、快硬及收缩最小的目的；另一方面通过在硫铝酸盐水泥中引入一定量的硅酸盐水泥熟料矿物，在保证快硬、高强前提下，降低硫铝酸盐水泥的成本，因此设定硫铝酸盐熟料占比大于 40%，石膏掺量 0～30%，硅酸盐熟料掺量 0～30%。参照均匀设计的思想和方法，结合试验目的和比较基准，利用设计软件设计了表 4-2 和表 4-3 的试验方案。

表 4-2 原材料配比设计及改性能测试结果（1）

实验编号		EX1	EX2	EX3	EX4	EX5	EX6	EX7	EX8
CAS		93	87.9	84.4	81.5	79.1	76.9	74.9	73
OPC		3.86	1.18	9.89	3.28	15	5.98	20	9.16
HS		3.11	10.9	5.7	15.2	5.97	17.2	5.15	17.9
SUM		99.97	99.98	99.99	99.98	100.07	100.08	100.05	100.06
标准稠度用水量（%）		30.71	30.14	32.14	28.57	31.00	30.00	30.57	30.71
初凝（min）		8	7	9	12	4	7	4	6
终凝（min）		16	15	18	19	9	13	6	18
抗压强度（MPa）	1d	52.20	53.10	53.80	52.45	54.65	51.85	52.05	52.45
	3d	61.75	64.30	62.65	60.90	63.50	60.50	61.15	62.35
	7d	71.00	69.40	67.95	69.40	70.75	66.85	70.75	66.35
	28d	73.38	74.35	76.58	72.53	77.93	74.93	78.58	76.73
抗折强度（MPa）	1d	3.73	2.60	2.37	3.61	2.20	3.82	4.72	5.04
	3d	2.41	2.32	1.45	2.88	1.90	2.09	2.86	3.49
	7d	2.58	2.25	2.70	3.07	2.39	3.21	1.78	3.56
	28d	1.98	2.51	2.07	5.52	2.29	2.97	2.99	5.75
收缩率（%）	1d	0.113	0.125	0.103	0.140	0.060	0.118	0.101	0.111
	3d	0.156	0.152	0.154	0.181	0.101	0.155	0.130	0.139
	7d	0.269	0.189	0.189	0.210	0.128	0.183	0.164	0.175
	28d	0.238	0.238	0.237	0.265	0.167	0.236	0.210	0.232

表 4-3　原材料配比设计及改性能测试结果（2）

实验编号		EX9	EX10	EX11	EX12	EX13	EX14	EX15	EX16
CAS		71.2	69.6	66.5	63.8	61.2	55.3	53.2	51.2
OPC		25.2	12.8	16.7	21	25.7	16.3	20.9	25.7
HS		3.57	17.7	16.7	15.2	13.2	28.3	25.9	23.1
SUM		99.97	100.1	99.9	100	100.1	99.9	100	100
标准稠度用水量（%）		31.00	31.00	30.29	30.29	31.00	29.29	29.43	29.43
初凝（min）		8	5	4	7	9	6	9	11
终凝（min）		9	14	6	8	10	9	12	14
抗压强度（MPa）	1d	47.65	53.45	53.10	46.75	45.50	45.15	41.80	43.60
	3d	62.05	68.20	64.00	64.20	59.50	60.10	56.80	57.40
	7d	70.15	70.70	69.50	67.60	72.95	64.65	68.50	67.80
	28d	73.38	75.45	80.85	80.30	85.60	75.13	79.28	82.30
抗折强度（MPa）	1d	3.73	4.92	3.63	3.30	4.22	4.88	3.63	3.75
	3d	2.51	4.20	4.78	3.47	2.79	3.52	2.81	3.19
	7d	1.99	2.74	3.05	1.99	1.64	2.88	1.83	1.99
	28d	1.98	6.33	5.00	5.76	4.23	6.21	4.89	4.35
收缩率（%）	1d	0.081	0.036	0.083	0.044	0.028	0.008	0.045	0.026
	3d	0.108	0.049	0.104	0.061	0.044	0.031	0.064	0.046
	7d	0.136	0.075	0.119	0.116	0.071	0.080	0.108	0.112
	28d	0.148	0.131	0.184	0.153	0.112	0.124	0.164	0.176

水泥标准稠度需水量与其组成、细度、比表面积、颗粒特性等物化性能有关。根据表 4-2 和表 4-3，体系组成中各原料含量的变化对标准稠度需水量有影响。

在复合体系的组成中，以早期水化活性高的硫铝酸盐矿物（C_4A_3S）为主，而且该矿物的水化对环境非常敏感。以往的研究表明，C_4A_3S 的水化速度与浆体的碱度成正比，提高水化溶液的 pH 值，C_4A_3S 的水化速度会加快。本组成相当于在硫铝酸盐水泥中加入高碱度的硅酸盐矿物，提高了水化浆体的 pH 值，整个体系的早期水化速度大幅加快，体系标准稠度需水量较大，凝结时间缩短。另外，因普通硅酸盐水泥的碱性较强和硫铝酸盐矿物对水化环境的敏感性，凝结时间都较短，所以规律性不强。

由表 4-2 和表 4-3 可以看出，EX13 配比强度最大、收缩率最小。根据试验方法的特性可知，EP13 的配比是试验范围内较为合理的配比，其钙矾石形成量最大，强度最高，收缩率最小。由此可知，在硫铝酸盐体系水泥中，引入少量硅酸盐水泥并加入适量石膏组成的复合体系，在水化过程中各熟料矿物之间有互相促进和增强的作用，使复合体系性能优于所对比的单体系。

（1）复合体系的各方面性能匀优于单体系。

（2）当硅酸盐水泥、硫铝酸盐水泥、石膏三者比例适当时，可以制得早强、快硬、高强的胶凝材料体系，且强度不会倒缩。

(3) 复合体系的收缩率较小，考虑到净浆的干燥收缩、化学收缩和碳化收缩匀大于同配比砂浆，所以复合体系比例适当时，可以制得收缩率小于0.05%的砂浆，这在特种砂浆配制中具有很好的指导意义。

第二节　制备高强防水特种石膏

1. 石膏改性措施

为了提高石膏性能往往需要在石膏中添加其他物质，根据掺合料的不同可以把石膏改性的措施大致分为三类。

(1) 矿物掺合料改性石膏

常用的掺合料有生石灰、水泥、粉煤灰、化铁炉渣和高炉渣水淬矿渣粉。这是因为：首先，生石灰或消石灰的存在使石膏的溶解度降低，石灰在空气中碳酸气的影响下会变为碳酸钙，此时制品内的石膏细粒实际上被不溶于水的碳酸钙的包覆，因此石膏石灰混合物的耐水性能大幅提高；其次，用硅酸盐水泥作为掺合料，主要是利用水泥中的 $CaO \cdot Al_2O_3$ 和石膏生成钙矾石达到提高石膏强度和水硬性的目的；最后，粉煤灰是活性物质与石灰配合做掺合料也可以制成复合凝胶材料。这主要是因为石灰及 C_3S 水化形成的 $Ca(OH)_2$ 对粉煤灰起碱激发作用，部分二水石膏参与水化反应形成钙矾石，对粉煤灰起硫酸盐激发作用。石膏粉煤灰凝胶材料硬化体是以二水石膏晶体和钙矾石为结构骨架，水化的粉煤灰颗粒为微集料填充于空隙中，而水化硅酸钙凝胶作为粘合剂将各相结合成整体，石膏粉煤灰凝胶材料上述微结构使其具有较好的耐水性。另外还可以采用机械细磨法、增钙燃烧法、物理化学法等提高粉煤灰的活性。

冯启彪等人用石膏、水泥、水煤灰和减水剂为原料对石膏-水泥-粉煤灰系复合凝胶材料通过一系列的正交试验进行了研究，并发现：各因素对软化系数影响程度的大小为石膏＞防水剂＞养护制度＞水泥＞粉煤灰。

秦鸿根等人还发现采取湿热养护的方法，水泥-矿渣微粉改性剂不仅可以提高石膏胶凝材料的强度，而且可以显著改善制品的耐水性。通过掺加高炉矿渣和碱性复合激发剂而得到的一种速凝型胶凝材料。这种胶凝材料既保持了建筑石膏原有的优点，又具有水硬性胶凝材料的特点。

Adnan Colak 通过对石膏一波特兰水泥一天然火山灰密度、可加工性、强度发展和使用期限的研究发现：混合物组分的不同引起密度变化，高剂量的萘系超塑化剂可以产生很好的和易性，养护 1d 的混合物的强度低于纯石膏的强度，然而养护 28d 的混合物强度远高于纯石膏的强度。

周娜等人采用正交试验方法研究了氢氧化钠、石灰、硫酸钠对脱硫石膏/煤灰复合胶结材强度的影响，得到了脱硫石膏，粉煤灰复合胶结材的最佳配比，通过复合胶结材耐水性能试验，说明脱硫石膏/粉煤灰胶结材具有良好的耐水性和抗干湿的能力。

张杰等人研制了一种防水剂来改性矿物掺合料石膏复合材料，既提高制品的强度，也提高了石膏的耐水性。

Ismail Demir 等人利用硅粉和膨胀珍珠岩进一步改性粉煤灰-石灰-石膏复合物，结果表明改性后的复合物有更高的强度。

石膏与活性混合材混合、水化后，相互反应生成了水化硫铝酸钙等水化产物，虽然提高了耐水性能，但是由于掺加了火山灰质材料致使石膏制品的白度低，对于装饰性要求高的制品不宜使用。

（2）纤维改性石膏

石膏作为胶凝材料具有抗折强度低、脆性大、耐水性差等缺点，常采用纤维作为增强材料，避免无征兆的脆性。常用来增强石膏的物质是纤维包括玻璃纤维、植物纤维和有机合成纤维。玻璃纤维具有直径小、耐腐蚀等优点，而且玻璃纤维的弹性模量比石膏的弹性模量高 4 倍，是一种比较理想的石膏制品的增强材料。此外纤维石膏复合材料比较突出的优点是低交变负荷条件下能迅速分散高的能量，所以它也常用作抗震的房屋建筑。

纤维的加入往往能够提高石膏制品的强度，但是石膏制品的耐水性会消弱，因为纤维的存在显然会增加硬化石膏坯体中的孔隙通道，增加石膏制品的吸水率。所以往往还需要对玻璃纤维进行表面处理或加入一些添加剂等来提高石膏的耐水性能。

曹杨等人采用硅烷偶联剂和苯丙乳液对玻璃纤维进行表面处理，掺入石蜡乳液、硫铝酸盐水泥、聚乙烯醇，既提高石膏制品的强度，也提高石膏制品的耐水性能。

李国忠等人利用聚丙烯纤维作为增强剂，又加入硬脂酸-聚乙烯醇乳液对脱硫石膏进行改性。聚丙烯纤维可以用来增强和增韧石膏制品，而有机乳液可以在石膏基体与纤维之间形成界面，彼此之间的界面结合力更为紧密，并有效传递应力，从而提高石膏的力学性能和耐水性能。

此外还有一些用更为廉价和环保的植物纤维代替传统的聚丙烯纤维、玻璃纤维或碳纤维等对石膏进行改性研究。

卞敬玲等人还用纤维补强增韧石膏-水泥-矿渣复合材料进行了研究，研究表明纤维补强增韧耐水性复合石膏硬化体除了具有抗拉、抗压、抗剪、抗弯、粘结强度高的优点外，还具有较好的抗裂、阻裂性能，较好的耐磨和耐腐蚀性能，较好的抗冻融性能，较好的抗疲劳性和抗碎裂性。

M. Singh 等人还利用 E 型玻璃纤维（弱碱性硅酸盐）作为改性剂来增强粉煤灰-水泥-磷石膏，并发现改性后的石膏强度更高。

（3）添加剂改性石膏

① 减水剂改性石膏

减水剂的加入就是为了提高石膏制品的密实度。这主要是因为减水剂的加入能够使其吸附在石膏颗粒或水化产物表面，而基于胶体体现分散稳定的 DLVO 理论和 HVO 理论即“吸附-静电斥力-分散”和“吸附-空间位阻-分散”的减水作用理论，所以减水剂的加入可以保持在相同流动度的情况下降低石膏的用水量，减少了因水分蒸发而产生的空隙，从而提高了石膏的耐水性。

与石膏体系适应性相对较好的减水剂主要有：萘系磺化三聚氰胺系、氨基磺酸系和多羧酸系减水剂。萘系减水剂是目前国内用量最大的高效减水剂，主要产品有 FDN、NF、UNF 等。其分子结构中含有苯环和磺酸基，具有较强的分散作用，减水率较高，且不缓凝引气量低。但是，萘系减水剂存在混凝土坍落度损失较快的缺陷，这对集中搅拌的商品混凝土和泵送混凝土极为不利。三聚氰胺也是一种阴离子表面活性剂，各项性能与萘系接近。科研人员，通过对比 N1（FDN 类减水剂，主要成分为萘磺酸盐甲醛缩合物）和 N2（磺化三聚氰胺类减水剂，主要成分为三聚氰胺磺酸盐甲醛缩合物），发现 N2 的减水效果要好于萘系。多羧酸系减水剂由于高分散性能、保坍性好、保持流动性性能好、分子结构上自由度大合成技术上可控制的参数多、高性能化的潜力大、对环境不造成污染、与水泥和其他种类的混凝土外加剂相容性好等优点，将成为混凝土减水剂的主导产品。它有许多优点：①长的主链上具有不同种类的活性基团，如磺酸基团（—SO_3H）、羧酸基团（—COOH）、羟基基团（—OH）、聚氧烷基类基团［—（CH_2CH_2O）m-R］等。不同的基团所起的作用不相同：磺酸基分散效果好，羧酸基和羟基有缓凝作用；羟基还有良好的浸透润湿作用。②具有较多的侧链，且其吸附形态为梳形柔性吸附，具有较高的立体位阻效应，再加上羧基产生的静电排斥作用，可形成明显的立体斥力效应。③分子结构自由度大。可以通过改变主链的聚合度、侧链的长度和类型、官能团的种类数量和位置、分子量大小和分布等参数，对其分子结构进行设计，使减水剂具备合适的性能，更好地解决减水、引气、缓凝、泌水等问题。翟金东还研究了不同的掺和方法对石膏制品性能的影响，结果表明混磨掺的效果最好，先掺法次之，滞掺法和后掺法最不好。加入减水剂，可在保持相同流动度的情况下降低石膏拌和用水量或在相同拌和用水量的情况下提高石膏浆体的流动性，已经被实践证明是改善建筑石膏性能的切实有效的方法。

② 复合添加剂改性石膏

单一外加剂的功能具有局限性，石膏基材料往往要同时使用多种外加剂，利用它们的协调效应来达到提高石膏强度和防水的目的。

研究表明：可溶性聚合物 PVA 改性石膏也能够使石膏达到增强防水的效果。这是由于聚乙烯醇缩水凝胶均匀地分散在石膏浆体中，随着石膏硬化体中水分的逐渐蒸发，这种凝胶与石膏水化彼此之间相互协调发展，逐渐变硬并形成经纬交织的不规则网膜。由于聚乙烯醇能够在石膏硬化体中形成交织的网膜，所以其对石膏制品具有明显的防水和增强作用。此外，聚合物通过自身的表面活性附着在固体颗粒表面，填充在不同颗粒之间，具有塑化和保水的作用。刘民荣等四人采用聚乙烯醇乳液和聚羧酸对脱硫建筑石膏进行改性，对改性后的强度和吸水率进行了试验，结果表明，聚乙烯醇乳液和聚羧酸对脱硫建筑石膏的强度和防水性具有一定的影响，同时掺加聚乙烯醇乳液和聚羧酸能够较好地提高脱硫建筑石膏的强度和防水性能，掺加 4%聚乙烯醇乳液和 3%聚羧酸时，脱硫建筑石膏性能较优。

张国辉等人在石膏中加入硬脂酸聚乙烯醇、萘系减水剂明矾石取得良好效果。Jan-gan Li 等人采用有机材料与无机材料相结合的方法，即以聚乙烯醇与硬脂酸共同乳化所得的有机乳液防水剂为基础，同时添加由明矾石、聚羧酸盐醛类缩合物组成的盐类防水剂，复合制成了一种新型的石膏复合防水剂。此外，关瑞芳等人在石膏中加入硬脂酸、水泥、三乙醇胺柠檬酸盐来提高石膏的耐水性能。原因是：表面活性剂乳化硬脂酸作为石膏的憎水剂使石膏晶体由亲水性变为憎水性；以水泥与三乙醇胺反应的生成物堵塞体系内部孔隙并切断毛细管通路；利用苯丙乳液形成阻水膜，用柠檬酸来降低苯丙乳液在水中的溶胀性。石宗利等人还利用自制促进剂，自制的碱性激发剂，胶粉，甲基纤维素改性对脱硫石膏-磷石膏-水泥复合材料，发现掺和 2%的促进剂和 2%的激发剂时，材料的力学性能和耐水性能最佳。

复合型添加剂一般用量小，使用简单也比较经济，所以国内外研究人员也越来越多地关注复合型添加剂的研制。但是由于对石膏外加剂复合原理不清楚，使用中只是把几种外加剂机械地加合在一起，不但不能产生复合超叠加效应，有时反而出现外加剂相互影响、降低效能的现象。

2. 发展趋势及存在问题

高强耐水石膏的研制成为社会需求的一个新的热点：一方面，建筑功能将得到有效改善，舒适度显著提升，满足经济社会发展和人民生活水平提高的需要；另一方面，我国每年产生各类工业废石渣超过 3 亿吨，累计堆存量已达几十亿吨，不仅占用了大量土地，而且所含的有害物质严重污染着周围的土壤、水体和大气环境。加快研究新型墙体材料是提高资源利用率、改善环境、促进循环经济发展的重要途径。提高石膏强度和耐水性能是建筑石膏研究的重要方面，为扩大石膏应用领域提供重要的技术支持。

目前，高强防水石膏材料还存在着共性问题。首先是成本仍然比较高昂。由于要达到高强的目的，所以需要使用高效减水剂、高性能矿物掺合料以及碳纤维、钢纤维等材料，甚至要用到特殊的加工工艺，如热压等使得高强防水石膏材料的成本大大高于普通石膏基材料。另外，高强防水石膏材料自身也有一些问题还未研究透彻，如所用胶凝材料较多而造成收缩增大，由于水胶比较低，使得材料中未水化部分增多，会不会对材料安全性形成威胁等。只有通过不断的研究探索，才能慢慢地解决和减少这些因素给高强石膏材料应用带来的阻碍，经过归纳总结，应用过程中存在如下问题需要我们注意：

（1）对水泥安定性的影响

水泥安定性不良，一般是由于熟料中的游离 CaO、游离 MgO 或掺入的石膏（SO_3）过多等原因造成的。当水泥中 SO_3 过高时，多余的 SO_3 在水泥硬化后继续与水和 C_3A 形成钙钒石产生膨胀应力而影响水泥的安定性。当 SO_3 掺入量在 2.0%～3.5%之间时，水泥的安定性合格。

（2）石膏的调凝机理

据研究，加入一定量的石膏调节水泥凝结时间的机理：$CaSO_3 \cdot 2H_2O$ 同水泥熟料中的 C_3A 化合生成难溶于水并较稳定的针状晶体 $3CaO \cdot Al_2O_3 \cdot CaSO_4 \cdot 3H_2O$ 在水泥颗粒的表面形成一层薄膜，阻滞水分进入具有较大晶腔的 C_3A 内部，从而使水泥的水化速度减缓，起到缓凝的作用。不同种类的石膏由于溶解速度和溶解度不同，对水泥的缓凝作用也不相同。在控制各样品 SO_3 相同的情况下，掺加脱硫石膏的水泥样品要比掺加二水石膏的水泥样品凝结时间短。产生上述现象的主要原因是这两种石膏的溶解度不同。

（3）脱硫石膏的增强机理

脱硫石膏是采用高温硫化床脱硫，烟气在800℃与CaO发生反应，形成石膏，其主要成分为 $CaSO_4$，类似于煅烧石膏。有研究表明：水化龄期相同时，掺煅烧石膏浆体水化产物与掺二水石膏相比，$Ca(OH)_2$ 生成量大；在1d前无钙钒石生成；结合水量在1d前者高于后者，而1d后则相反，能够起到缓凝作用，同时能提高水泥的性能。脱硫石膏加快水泥早期水化产物形成的机理：由于脱硫石膏的溶解度较低，在水泥水化初期（1d前），存在于水泥中的铝酸盐相不能形成钙矾石，从而减缓了钙矾石对水泥水化的延缓作用，加速了整个熟料矿物相的水化，增加了水泥早期水化产物的生成量，提高了水泥的强度。

另外，石膏颗粒能否与水泥充分接触而发生反应，结合程度也是影响水泥性能的重要因素。为了对两种石膏的形貌特征和颗粒大小有一定的了解，对脱硫石膏和天然石膏做了对比扫描电镜分析，结果如图4-1、图4-2所示。

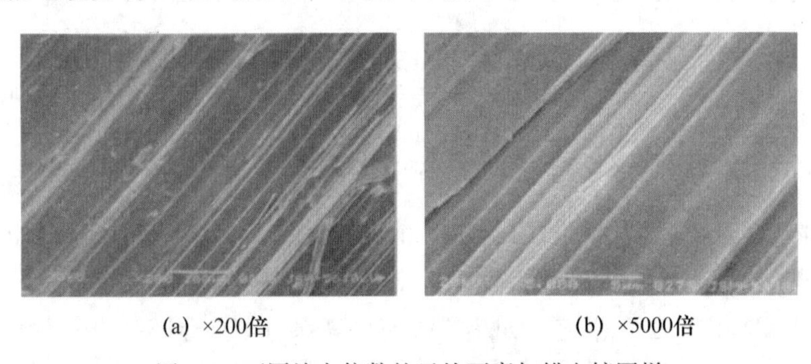

(a) ×200倍　　(b) ×5000倍

图4-1　不同放大倍数的天然石膏扫描电镜图样

(a) ×1000倍　　(b) ×5000倍

图4-2　不同放大倍数的脱硫石膏扫描电镜图样

脱硫石膏与天然石膏形成过程完全不同，导致了石膏颗粒形状有明显区别，在扫描电镜照片上可以看到，脱硫石膏颗粒呈蜂窝形，外形完整。对其局部放大5000倍[图4-2（b)]，在照片上可以看到脱硫石膏内有很细小的短柱状物质。相反，天然石膏多为针、片状晶体，结晶接触点应力增大，结晶体结构较疏松，放大200倍[图4-1（a)]时就已经呈现出片状晶体，与放大5000倍[图4-1（b)]的扫描照片区别不大。显然，脱硫石膏的粒度较小、比表面积大，能够充分快速地发生反应，因而活性较高。两种石膏同时作为水泥缓凝剂对水泥凝结时间和强度的影响就显而易见了。

以上的分析无论是从反应的机理还是从微观结构都说明了脱硫石膏有较好的活性，能够提高水泥的各项性能。在实际生产中，人们用二水石膏而不是脱硫石膏作为缓凝剂，主要是担心脱硫石膏的缓凝作用不强。但从水泥的凝结时间和强度两方面来考虑，加入脱硫石膏后，只要水泥的凝结时间符合国家标准要求是有利于水泥产生较高的早期强度的。另一方面，在使用脱硫石膏时，通过测定其掺量对熟料凝结时间和强度的影响，以优选出最佳石膏掺量是十分重要的。

与天然石膏相似，脱硫石膏能正常调节水泥凝结时间，SO_3掺入量在2%～3.5%时，各品种的水泥凝结时间均能满足国家标准的要求。通过脱硫石膏控制SO_3掺入量为3%时，水泥样品的各项性能达到最佳。用它作为缓凝剂的水泥，其凝结时间、安定性、强度等指标均能达到国家标准。当作为水泥缓凝剂时，脱硫石膏与天然石膏比，不但凝结时间有所提前，而且各龄期抗压强度有显著的提高。

第三节　利用磷石膏制备自流平材料

磷石膏是磷酸厂、磷肥厂和洗涤剂厂等排出的工业废渣，是一种重要的再生资源。我国磷石膏主要分布在四川、云南、贵州、湖北等地。2018年我国磷石膏排放量接近5亿吨，占工业副产石膏的70%以上，目前的累计堆放量已超过10亿吨。越来越多的磷石膏排放，不仅需要占用大量场地，而且还会由于长期被雨水浸泡，其中的可溶性P_2O_5和氟化物等有害物质通过水体向环境传递，引起土壤、水系、大气的污染。因此，中国磷肥工业协会将磷石膏的综合利用正式列为该行业“绿色产业化”发展规划中的一项重要工作。

石膏自流平材料是以无机胶凝材料或者有机材料为基材，与超塑化剂等外加剂及骨料等混合而成的建筑地面找平材料。石膏自流平材料要求具有良好的流动性及稳定性、施工快捷、光洁平整、快速凝固干燥、与基底黏合牢固，并且具有收缩率低、抗压强度高及耐磨损性能优异的特点。

1．磷石膏的性能特点

（1）磷石膏的外观

磷石膏通常为细粉状，颗粒直径5～150μm，外观呈灰白、灰、灰黄、浅黄、浅绿等多种颜色。相对密度为2.22～2.37g/cm^3，表观密度为0.733～0.880g/cm^3。每生产1t磷酸约排放出4～4.5t磷石膏。

（2）磷石膏的化学成分

磷石膏的主要成分是二水石膏（$CaSO_4 \cdot 2H_2O$），其含量64%～69%，除此之外还含有磷酸2%～5%，氟约1.5%，以及游离水和不溶性残渣等，是带酸性的粉状物料，见表4-4。

表4-4 磷石膏的化学成分（%）

SO_3	CaO	P_2O_5	水溶性 P_2O_5	F^-	水溶性 F^-	Fe_2O_3
40～43.7	30～32	0.33～3.23	0.1～1.76	0.22～0.87	0.11～0.76	0.12～0.43
Al_2O_3	SiO_2	MgO	有机质	结晶水	酸不溶物	pH值
0.028～0.46	0.166～5.6	0.1～1.23	0.12～0.16	19.9～20.05	0.0013～0.81	1.5～4

此外，磷石膏中还含砷、铜、锌、铁、锰、铅、镉、汞及放射性元素，均极其微量，且大多数为不溶性固体，危害性可忽略不计。磷石膏中所含氟化物、游离磷酸、P_2O_5、磷酸盐等杂质是导致磷石膏在堆存过程中造成环境污染的主要因素。不同生产企业、不同批次的磷石膏的化学组成都略有不同，这主要与磷酸生产工艺条件的控制及磷矿石的品种有关。

（3）磷石膏的晶体结构

磷石膏是多组分的复杂结晶体，其晶体形式主要有：针状晶体、板状晶体、密实晶体、多晶核晶体四种，其胶结体的性能与天然石膏相比有较大差异。

2. 石膏自流平的国内外现状和发展趋势

（1）石膏自流平的性能优点

石膏基自流平地坪材料作为一种经济环保型建筑材料，可广泛应用于室内地面的找平处理和地板采暖地坪系统，该材料主要具有以下优点：

① 收缩小

石膏基材料的性能优异之处是其不像水泥基材料那样容易出现干燥收缩或者硬化收缩，石膏自流平砂浆凝结硬化时体积略有膨胀，收缩率远低于水泥基自流平，不易形成裂缝。

② 强度高

石膏基自流平砂浆的强度增长与砂浆本身的干燥程度有很大的关系，除了形成二水石膏所需的水外，多余水分会蒸发逸散，进而产生强度。石膏基自流平砂浆的早期强度较高，后期强度增长也很快，28d可达到30MPa以上。

③ 凝结硬化快

石膏基自流平砂浆70min左右即可达到初凝，3h左右即可上人，施工效率较高。

（2）石膏自流平材料的现状及发展趋势

石膏系自流平的研究与应用，国外发展较早且较深入，现已被大量的建筑工程所采用。日本开发自流平材料较早，1972年、1973年由日本住宅公团对石膏系、水泥系自流平做了基础研究，1976年对采用α-半水石膏为基料的石膏自流平进行了施工试验，

1977年已有商品出售。目前在日本已有七个公司十一种牌号的石膏自流平产品，并在商业大厦、学校、集体住宅等建筑物的地坪上应用。

德国的帕依爱罗公司用Ⅱ型无水石膏、奇罗泥公司用α-石膏生产了强度为20～30MPa、铺设厚度为10mm的自流平材料。美国的石膏水泥公司曾采用α、β-石膏混合物，在现场加入骨料后泵送的自流平材料也已广泛应用，其生产率可达$2000m^2/d$，所铺地坪的抗压强度在21MPa以上。此外，英国、意大利、俄罗斯、捷克等国家也有石膏系自流平材料的市售商品。

一些学者对磷石膏制备自流平砂浆进行了研究，如果能充分利用大量排出的工业石膏，将其作为自流平砂浆的基体材料，可以降低自流平砂浆的成本，促进自流平材料在中国的广泛应用。但目前处于实验室研究阶段，还没有工业化应用。

3. 磷石膏配制自流平材料的技术特点

用磷石膏替代天然石膏生产自流平材料，可以充分利用工业副产物中宝贵的硫酸钙资源，不会对环境造成二次污染，并且能减少矿山开采带来的生态破坏，还可以形成化学石膏的新产业和新市场。

（1）补偿自流平砂浆的收缩性

要补偿自流平砂浆的后期收缩就必须生成一定的结晶钙矾石$C_3A \cdot 3CaSO_4 \cdot 32H_2O$，从钙矾石的分子式可以看出，1mol的钙矾石需结合3mol的$CaSO_4$，所以$CaSO_4$是不可缺少的组分，并且可以由煅烧磷石膏提供。磷石膏的主要成分是二水石膏（$CaSO_4 \cdot 2H_2O$），其自然含水率为25%～35%，如果选择适宜的煅烧温度，可使硬石膏含量达95%以上。

（2）改善自流平砂浆的强度

由磷石膏制备的半水石膏水化产物，晶型多为柱状或板状，直形程度很高，胶凝状物质较少，柱状或板状晶体交织在一起，无定向排列，形成较为致密的水化产物硬化体，对硬化体的强度发挥十分有效，能产生很高的早期强度和持续稳定的后期强度。

（3）改善自流平砂浆的施工性

磷石膏中存在多种微量化学物质，通过一些功能外加剂的改性处理，使由磷石膏配制的自流平材料的施工性能优于相同工艺配方的普通石膏自流平，并使流动性也得到一定提高。经过处理后的磷石膏在反应过程中内应力较低，且产生一定的体积膨胀，所以能在施工后减少空鼓、裂纹等常见问题。

（4）利用磷石膏的环保特性

充分利用工业废渣可再生资源，改变传统原料系统，使资源和能源消耗最小。利用炒锅或回转窑煅烧磷石膏，不产生CO_2、SO_2等有害气体，不会对环境造成二次污染。

（5）经济合理性

目前市场上存在的建筑石膏，价格昂贵，每吨约300元，较高的成本导致优良石膏产品被多数用户接受受到了一定限制。而磷石膏本身属于工业废料，价格低廉，处理后的磷石膏价格也只相当于天然石膏价格的一半左右，这将使磷石膏制品的成本大大降低。

此外，由于利用磷石膏生产自流平材料属于“三废”利用项目，因而此项目产品属于绿色固废处理项目，可以申请减免部分税收，这必将大大增加该产品的市场竞争力。

4. 磷石膏配制自流平材料的技术难点

（1）磷石膏的外貌特征

磷石膏的微观结构与天然石膏存在显著差异，磷石膏中二水石膏以六面板状为主，较天然二水石膏晶体规整、均匀，尺度是天然石膏的3～5倍。颗粒呈正态分布，粒径主要集中在50～200μm，不利于料浆的流动和触变，需要在工艺中进行特殊处理以改善晶体结构。

（2）磷石膏有一定含水量

磷石膏中二水石膏含量大于90%，含水率高（20%～25%），黏性强，在装载、提升、泵送过程中极易黏附在各种设备上，造成积料堵塞。

（3）磷石膏含有一定有害杂质

与天然石膏相比，磷石膏的主要差异在于含微量的磷、氟、有机物、二氧化硅等有害杂质，且为粉状。如果不做预处理，直接煅烧成建筑石膏，标准稠度需水量达85%，凝结时间较长，硬化体孔隙率高，结构疏松，强度低，达不到建筑石膏合格品的要求。

此外，磷石膏还含有碱金属盐，当磷石膏产品受潮时，碱金属离子沿着硬化体孔隙迁移至表面，水分蒸发后会在表面析晶，产生粉化、泛霜。因此，要通过筛分、水洗、中和、浮选等预处理措施消除有害杂质对料浆性能的不良影响，以获得性能稳定且杂质含量符合建材行业要求的二水石膏，然后对其进行煅烧制备半水石膏。

5. 解决上述问题的技术途径

（1）制备α-半水石膏

磷石膏加水搅拌成悬浮液，送浮选机并浓缩，除去有机质及可溶性杂质。如果磷石膏相当纯净则可用过滤代替浮选。磷石膏与水混合后，经加热送入反应釜中，在一定条件下重结晶，使 $CaSO_4 \cdot 2H_2O$ 转变为α-半水石膏。

（2）制备β-半水石膏

磷石膏加水调成料浆，经洗涤、脱水除去磷石膏中的可溶性杂质及粗大颗粒，如悬浮液呈酸性，加适量的石灰粉或石灰乳中和磷石膏中的 P_2O_5，再干燥、煅烧、粉磨得到β-半水石膏粉。南京大厂镇建材厂用南京化学公司磷肥厂磷石膏生产的β-半水石膏，产品质量已超过二级建筑石膏的标准。

（3）杂质处理

由于磷石膏的成分随着磷酸厂所采用的原料性能和生产工艺不同而有较大的差异。因此各种来源的磷石膏在应用性能上存在差异。不过磷石膏各种杂质成分对应用性能的影响作用机理是相同的，只是因含量不同影响程度也不同。只要充分了解各种杂质对磷石膏及其应用性能的影响机理，就能正确选择磷石膏的杂质处理方式，从而对杂质加以合理利用。

(4) 外加剂的改善

磷石膏作为自流平砂浆的主要胶凝材料虽然具有很多优点，但如果直接使用也会在一些方面不满足使用要求。例如：凝结硬化快不能满足施工操作要求；需水量太大使强度降低，不能满足结构强度要求；晶体结构不利于硬化体强度的发挥；干燥太快而需要提高保水性等。此外，还对其保水性能、凝结时间、粘结性能等其他性能有着较高要求。

因此，在用磷石膏配制自流平砂浆的过程中，需要相应地使用一些外加剂来改善材料的性能。只有保证了以上各项性能，磷石膏自流平的性能所表现的优良的材料性能和施工性能才能被建筑施工人员接受。不同产地的磷矿石因矿石成分的差异对后续产生的磷石膏的成分、颜色、磷残余量等产生较大影响。所以我们在配制过程中，要针对磷石膏的不同来源、不同物理性能而使用相应的缓凝剂、塑化剂、增强剂和改性剂，使磷石膏自流平的性能指标达到最后。

磷石膏在自流平材料中得到利用，是一条使资源综合利用的有效途径，既可充分利用硫资源，又可消除磷石膏对环境的污染，在技术上也不存在难以解决的问题，具有良好的经济效益和开发前景。

第五章　石膏从业者基础知识问答

第一节　石膏性能检测分析知识点

如何计算石膏的品位？

答：假定原料是纯净的二水硫酸钙，则其化学组成为 $CaO=32.58\%$、$SO_3=46.51\%$、$H_2O=20.91\%$。按此任意一个化学组成成分换算成二水硫酸钙的含量为100%时：$CaSO_4\cdot 2H_2O=4.78$、$H_2O=2.15$、$SO_3=3.07$、$CaO=100$。为了方便起见，以下称 $4.78H_2O$ 为“水值”，$2.15SO_3$ 为“硫值”，$3.07CaO$ 为“钙值”。

实际上，在各种原料石膏中，总是或多或少含有其他杂质，若杂质的成分不包含 H_2O、SO_3 和 CaO，则 $4.781H_2O=2.15$、$SO_3=3.07$、$CaO<100$。物相分析表明，常见的主要杂质为碳酸盐、硫酸盐和黏土矿物，这些杂质的成分中包含了 H_2O、SO_3 和 CaO，因此原料化学分析所得到的 H_2O、SO_3 和 CaO 的总量不能代表二水硫酸钙中的 H_2O、SO_3 和 CaO 的量。一般情况 $4.781H_2O\neq 2.15SO_3\neq 3.07CaO$，而且每个值可能大于100，但只能有两个以下的值大于100。假定在 $4.781H_2O$、$2.15SO_3$ 和 $3.07CaO$ 三者之中有一个受杂质的影响最小或不受影响，那么其数值一定更接近或者等于真实的二水硫酸钙的含量，且为三者中的最小值，必定小于100。反之，若三者中的一个为最小值，则该值也必定受杂质的影响最小或不受影响，即该值最接近或等于真实的二水硫酸钙含量。因此，以水值、硫值和钙值三者中的最小值作为石膏的品位是比较合理的，叫作“水、硫、钙最小值品位计算法”。

将不同的二水石膏进行试验，所得的 H_2O、SO_3 和 CaO 换算成水值、硫值和钙值。由计算得知，绝大部分二水石膏的水值为最小值，只有少数的水值稍大于硫值（如在180℃下测定结晶水，则其水值仍为最小值）。而它们的钙值大多属于最大值。由此可见，对二水石膏而言，以结晶水为基准计算品位比较切合实际，以 CaO 计算最不精确。

根据二水硫酸钙中的结晶水如何计算半水石膏中的结晶水？

答：二水硫酸钙中结晶水的理论含量为20.93%，经 $CaSO_4\cdot 2H_2O\longrightarrow CaSO_4\cdot\frac{1}{2}H_2O+\frac{3}{2}H_2O$ 反应后，$\frac{3}{2}H_2O$ 结晶水脱出，变成半水石膏。半水石膏中结晶水理论含量为6.20%，但因二水石膏中含有不同量的杂质，而使二水石膏中结晶水的含量达不到20.93%，使用一简单公式可计算出半水石膏中结晶水的含量：

$$半水石膏结晶水含量（\%）=\frac{二水石膏中结晶水实际含量（测定值）}{3.375}\times 100\%$$

天然石膏中的杂质对建筑石膏有哪些影响？

答：通常的建筑石膏是品位应达二级以上的二水石膏，石膏胶凝材料的质量不仅取决于石膏的纯度，还取决于所含杂质的种类和各种杂质的相对含量等。一般来说，过量的杂质会对石膏胶凝材料的强度不利，并使软化系数下降，标准稠度需水量降低，并导致制品的表观密度增加。因此，在生产中可根据试验结果适当调整所需原料等级。

石膏中杂质的类型很多，主要有碳酸盐类（石灰石、白云石、无水石膏等）和黏土矿物类（高岭石、蒙脱石、伊利石、绿泥石等），还有少量的石英、长石、云母、黄铁矿、有机质，以及 K^+、Na^+、Cl^- 等易溶盐类，这些杂质的相对含量对石膏制品的性能有着重要的影响。

一般石膏中含黏土矿物类杂质越多，制成的建筑石膏力学强度越低，这是因于黏土矿物遇水后容易软化和变形。无水石膏杂质由于水化速度缓慢，其含量高时，可影响建筑石膏的早期强度，而对后期强度却是有益的。碳酸盐类、无水石膏和石英等杂质，在石膏煅烧温度范围内都是惰性物质，而其本身密实度大、吸水性差，所以它们的存在可降低标准稠度需水量，若含量适当，不仅可提高制品的密实性和硬度，还可提高制品的强度。K^+、Na^+、Cl^- 等易溶性盐类的存在，可提高建筑石膏在水中的溶解度，加快水化与硬化过程，同时也增加了建筑石膏硬化体结晶接触点的不稳定性，使接触点的强度降低，而且使制品在潮湿环境中容易析出“盐霜”，因此其含量必须有所限制。石膏中的杂质对石膏的分解有利，在炒制建筑石膏时，可降低煅烧温度，节约能耗。

总地来说，天然石膏中的黏土矿物类杂质对建筑石膏性能的影响有利有弊。除模具、医药、造纸、高级雕塑艺术品等特殊用途的熟石膏外，一般用于建筑制品的建筑石膏对原矿纯度的要求不必太高，但要注意杂质的种类和相对含量，最好根据用途的要求合理使用石膏资源，以达到节约能源、降低原料成本的目的。

在 180℃ 下测定结晶水应注意哪些事项？

答：（1）二水石膏在 180℃时的脱水速度比 360℃时缓慢，称量样品不宜太多，以 0.5～1g 为度，平铺于宽口称量瓶内，置烘箱内烘干。

（2）烘干后得到的是Ⅲ型 $CaSO_4$，与 360℃下烘干得到的Ⅱ型 $CaSO_4$ 的性质不大相同，Ⅲ型 $CaSO_4$ 是一种比硅胶吸潮能力还大的强干燥剂，若干燥器中的硅胶不新鲜，它能夺取硅胶中的水分变为半水石膏。因此操作需小心，称量瓶从烘箱中取出应立即盖上盖子，冷却称量过程切勿打开。

石膏化学分析方法试验的基本要求有哪些？

答：（1）试验次数与要求

每项测定的试验次数规定为两次。用两次试验平均值表示测定结果。

在进行化学分析时，各项测定应同时进行空白试验，并对所测结果加以校正。

（2）质量、体积、体积比、滴定度和结果的表示

质量单位用“g”表示，精确至0.0001g。滴定管体积单位用“mL”表示，精确至0.05mL。滴定度单位用“mg/mL（毫克/毫升）”表示，滴定度和体积比经过修约后保留四位有效数字。各项分析结果均以百分数计，表示至小数二位。

（3）灼烧

将滤纸和沉淀物放入预先已灼烧并恒量的坩埚中，在氧化性气氛中缓慢干燥，不使其有火焰产生，灰化至无黑色炭颗粒后，放入高温炉中，在规定的温度下灼烧。在干燥器中冷却至室温，称量。

（4）恒量

经第一次灼烧、冷却、称量后，通过多次15min时间段的灼烧，然后冷却、称量的方法来检查恒定质量，当连续两次称量之差小于0.0005g时，即达到恒量。

（5）检查Cl^-离子（硝酸银检验）

按规定洗涤沉淀数次后，用少许水淋洗漏斗的下端，用数毫升水洗涤滤纸和沉淀，将滤液收集在试管中，加几滴硝酸银溶液，观察试管中溶液是否浑浊。如果浑浊，继续洗涤至硝酸银检验不再浑浊为止。

石膏化学分析用到的试剂和材料有哪些？

答：分析过程中，只使用蒸馏水或同等纯度的水，所用试剂应为分析纯或优级纯试剂。用于标定与配制标准溶液的试剂，除另有说明外应为基准试剂。

所使用的市售浓液体试剂应具有下列密度ρ（20℃，单位：g/cm^3）或质量分数（%）：

盐酸（HCl）　1.18g/cm^3～1.19g/cm^3 或 36%～38%；

氢氟酸（HF）　1.13g/cm^3 或 40%；

硝酸（HNO_3）　1.39g/cm^3～1.41g/cm^3 或 65%～68%；

硫酸（H_2SO_4）　1.84g/cm^3 或 95%～98%；

冰乙酸（CH_3COOH）　1.05g/cm^3 或≥99%；

氨水（$NH_3 \cdot H_2O$）　0.90g/cm^3～0.91g/cm^3 或 25%～28%。

在化学分析中，所用酸或氨水，凡未注浓度者均指市售的浓酸或浓氨水。用体积比表示试剂稀释程度，例如：盐酸（1＋2）表示，1份体积的浓盐酸与2份体积的水相混合。

（1）氢氧化钠（NaOH）。

（2）氢氧化钾（KOH）。

（3）氯化钾（KCl）：颗粒粗大时，应研细后使用。

（4）焦硫酸钾（$K_2S_2O_7$）：将市售焦硫酸钾在瓷蒸发皿中加热熔化，待气泡停止发生后，冷却、研碎，储存于磨口瓶中。

(5) 盐酸 (1+1); (1+2); (1+5)。

(6) 硫酸 (1+1), (1+9)。

(7) 氨水 (1+1); (1+2)。

(8) 硝酸银溶液 (10g/L): 将 1g 硝酸银 ($AgNO_3$) 溶于 90mL 水中, 加 10mL 硝酸 (HNO_3), 摇匀, 储存于棕色滴瓶中。

(9) 氯化钡溶液 (100g/L): 将 100g 二水氯化钡 ($BaCl_2 \cdot 2H_2O$) 溶于水中, 加水稀释至 1L。

(10) 三乙醇胺 [$N(CH_2CH_2OH)_3$]: (1+2)。

(11) 氢氧化钾溶液 (200g/L): 将 200g 氢氧化钾 (KOH) 溶于水中, 加水稀释至 1L, 储存于塑料瓶中。

(12) 酒石酸钾钠溶液 (100g/L): 将 100g 酒石酸钾钠 ($C_4H_4KNaO_6 \cdot 4H_2O$) 溶于水中稀释至 1L。

(13) 抗坏血酸溶液 (10g/L): 将 1g 抗坏血酸 ($C_6H_8O_6$) 溶于 100mL 水中, 过滤后使用, 用时现配。

(14) 邻菲罗啉溶液 (10g/L): 将 1g 邻菲罗啉 ($C_{12}H_8N_2 \cdot H_2O$) 溶于 100mL 乙酸 (1+1) 中, 用时现配。

(15) 乙酸铵溶液 (100g/L): 将 10g 乙酸铵 (CH_3COONH_4) 溶于 100mL 水中。

(16) EDTA—Cu 溶液: 按 [c (EDTA) =0.015mol/L] EDTA 标准滴定溶液 (见 30) 与 [c ($CuSO_4$) =0.015mo1/L] 硫酸铜标准滴定溶液的体积比, 准确配制成等浓度的混合溶液。

(17) pH3.0 的缓冲溶液: 将 3.2g 无水乙酸钠 (CH_3COONa) 溶于水中, 加 120mL。冰乙酸 (CH_3COOH), 用水稀释至 1L, 摇匀。

(18) pH4.3 的缓冲溶液: 将 42.3g 无水乙酸钠 (CH_3COONa) 溶于水中, 加 80mL 冰乙酸 (CH_3COOH), 用水稀释至 1L, 摇匀。

(19) pH10 的缓冲溶液: 将 67.5g 氯化铵 (NH_4Cl) 溶于水中, 加 570mL 氨水 ($NH_3 \cdot H_2O$), 加水稀释至 1L。

(20) 二安替比林甲烷溶液 (30g/L 盐酸溶液): 将 15g 二安替比林甲 ($C_{23}H_{24}N_4O_2$) 500mL 盐酸 (1+11) 中, 过滤后使用。

(21) 碳酸铵溶液 (100g/L): 将 10g 碳酸铵 [$(NH_4)_2CO_3$] 溶解于 100mL 水中, 用时现配。

(22) 氟化钾溶液 (150g/L): 称取 150g 氟化钾 ($KF \cdot 2H_2O$) 于塑料杯中, 加水溶解后, 用水稀释至 1L, 储存于塑料瓶中。

(23) 氯化钾溶液 (50g/L): 将 50g 氯化钾 (KCl) 溶于水中, 用水稀释至 1L。

(24) 氯化钾-乙醇溶液 (50g/L): 将 5g 氯化钾 (KCl) 溶于 50mL 水中, 加 95% (V/V) 乙醇 (C_2H_5OH) 50mL, 混匀。

(25) 氢氧化钠溶液 (80g/L): 将 80g 氢氧化钠溶于水中, 加水稀释至 1L, 储存于塑料瓶内。

(26) pH6.0的总离子强度配位缓冲液：将294.1g柠檬酸钠（$C_6H_5Na_2O_2 \cdot 2H_2O$）溶于水中，盐酸（1+1）和氢氧化钠溶液调节溶液pH值为6.0，然后加水稀释至1L，摇匀。

(27) 萃取液（又称有机相）：将1体积的正丁醇与3体积的三氯甲烷相混合，摇匀。

(28) 钼酸铵溶液（50g/L）：将5g钼酸铵溶液[$(NH_4)_6MO_7O_{24} \cdot 4H_2O$]溶于水中，加至100mL过滤后储存于塑料瓶中，此溶液可保存约一周。

(29) 碳酸钙标准溶液[c（$CaCO_3$）=0.024mol/L]

称取约0.6g（m_L）已在105～110℃烘过2h的碳酸钙（$CaCO_3$），精确至0.0001g，置400mL烧杯中，加入约100mL水，盖上表面皿，沿杯口滴加盐酸（1+1）至碳酸钙全部溶解，加热煮沸数分钟。将溶液冷至室温，移到250mL容量瓶中，用水稀释至标线，摇匀。

(30) EDTA标准滴定溶液[c（EDTA）=0.015mol/L]。

(31) 硫酸铜标准滴定溶液[c（$CuSO_4$）=0.015mol/L]。

(32) 氢氧化钠标准滴定溶液[c（NaOH）=0.15mol/L]。

(33) 三氧化二铁（Fe_2O_3）标准溶液。

(34) 氧化钾（K_2O）、氧化钠（Na_2O）标准溶液。

(35) 氟（F^-）标准溶液。

(36) 五氧化二磷（P_2O_5）。

(37) 二氧化钛（TiO_2）。

(38) 甲基红指示剂溶液（2g/L）：将0.2g甲基红溶于100mL95%（V/V）乙醇中。

(39) 磺基水杨酸钠指示剂溶液（100g/L）；将10g磺基水杨酸钠溶于水中，加水稀释至100mL。

(40) 1-（2-吡啶偶氮）-2-萘酚（PAN）指示剂溶液（2g/L）；将0.2gPAN溶于100mL95%（V/V）乙醇中。

(41) 钙黄绿素-甲基百里香酚蓝-酚酞混合指示剂（简称CMP混合指示剂）：称取1.000g钙黄绿素、1.000g甲基百里香酚蓝、0.200g酚酞与50g已在105℃烘干过的硝酸钾（KNO）混合研细，保存在磨口瓶中。

(42) 酸性铬蓝K-萘酚绿B混合指示剂：称取1.000g酸性铬蓝K、2.5g萘酚绿B和50g已在105℃烘干过的硝酸钾（KNO_3）混合研细，保存在磨口瓶中。

(43) 酚酞指示剂溶液（10g/L）：将1g酚酞溶于100mL 95%（V/V）乙醇中。

(44) 溴酚蓝指示剂溶液（2g/L）：将0.2g溴酚蓝溶于100mL乙醇（1+4）中。

第二节　石膏特性

什么叫建筑石膏？建筑石膏如何分类？

答：建筑石膏是天然石膏或工业副产石膏在一定温度下加热脱水，制成的以β-半水硫酸钙（β-$CaSO_4 \cdot 1/2H_2O$）为主要组成的气硬性胶凝材料，半水硫酸钙的含量（质量分数）应不小于60.0%。

根据国现行国标《建筑石膏》(GB/T 9776—2008)，建筑石膏按原料种类可分为天然建筑石膏（N)、脱硫建筑石膏（S)、磷建筑石膏（P）三类。按2h抗折强度（MPa）可分为3.0、2.0、1.6三个等级。

β-半水石膏有哪些特性？

答：(1）水化快：由于β-半水石膏微粒具有极其发育的表面，故水化快，料浆便于成型，在较短时间内能达到很高的强度，因而被广泛应用于医疗食品、建筑装饰、工艺雕塑、陶瓷等行业中。

(2）标准稠度大：β-半水石膏的比表面积大，因而工作时标准稠度用水量大（>65%)，使产品强度偏低。

(3）不稳定性：β-半水石膏具有很大的活性，容易吸潮，吸潮后转化为二水石膏，具有促凝作用，包装运输和存放要注意避免吸潮。

(4）需经陈化使性能趋于稳定：刚炒制的半水石膏性能很不稳定，必须在一定条件下储存使其性能趋于稳定，在陈化过程中晶体表面的裂隙有一定的弥合，物料的比表面积明显减少，所引起的标准稠度需水量降低，使试件的密实度增大，物理力学性能得到改善。

建筑石膏中带有未完全燃烧的煤粉，对生产纸面石膏板有什么影响？

答：在脱硫石膏中未完全燃烧的煤粉微粒，在0.01%～0.05%之间，一般不会对石膏制品产生明显影响。目前，许多石膏工厂干燥煅烧石膏采用机械炉排燃烧炉或是煤的流化床式燃烧炉，未完全燃烧的粉煤飞灰较多，尤其是颗粒度为100～200μm的煤粉。当脱硫熟石膏用于纸面石膏板时，在石膏板成型凝固过程中，煤粉颗粒将会迁移到面纸和石膏芯之间的界面，妨碍面纸和石膏的粘结。

熟石膏中可溶性Na对其影响是什么？

答：熟石膏中可溶性Na含量偏高，极易形成可溶性多结晶水的盐类，影响石膏晶体间接触点的连接，从而影响纸面石膏板的粘结性能，使石膏板容易产生变形。因此，Na含量偏高是石膏板在受潮时易产生变形的主要原因之一。

如何通过测定结晶水含量来鉴别熟石膏质量?

答：熟石膏是一种结晶混合物，其中含有二水石膏、半水石膏和无水石膏。建筑石膏在炒制过程中欠火时会出现生石膏，火大、炒制时间过长造成过烧出现无水石膏，这些都会影响石膏的凝结时间，影响产品的正常使用。有时由于熟石膏放置时间过长而受潮，也会影响正常使用。通过测定结晶水的含量，可以判断熟石膏的质量。一般合格的熟石膏结晶水的含量在4.5%～5.0%之间。若熟石膏的结晶水含量远低于此标准值，则说明熟石膏过烧，若熟石膏的结晶水含量远高于此标准值，则说明熟石膏欠火或者受潮。

温度不同对半水石膏的溶解度有无影响?

答：在没有缓凝剂的情况下，所有半水石膏在2h内都转变成二水石膏。大量的半水化物（约95%）在30min左右就会水化成二水化合物。

还值得强调的是，温度下降会减缓半水石膏的溶解速度，也就影响了钙离子和硫酸根离子的扩散。若增加熟石膏量则与此相反，虽然温度下降了，但是半水石膏的溶解度增加了，有利于结晶，溶液的密度也增加了。由此可知，温度效应随某一个占主导地位的因素而异。此外，温度对已硬化的熟石膏的结构也会产生明显的影响。

建筑石膏长期存放时注意事项有哪些?

答：由于建筑石膏吸水后会导致结块或强度降低，甚至报废，因而在储存时应注意防水、防潮；建筑石膏的储存期为3个月，超过3个月，强度将随着时间出现不同程度的降低。超过储存期的石膏应重新进行强度检验，并按照实际检验强度使用。

建筑石膏的堆积密度和比表面积是怎样表示的?

答：建筑石膏的堆积密度是指散料在自由堆积状态下单位体积内的质量。该体积既含颗粒内部的孔隙，又含颗粒之间空隙，常用kg/m^3表示。

比表面积是指单位质量粉体的总表面积，用平方米每克（m^2/g）表示。石膏粉体的粒径越小，比表面积越大，比表面积越大，则颗粒的表面活力越大。比表面积对粉料的湿润、溶解、凝聚等性质有直接影响。

无水石膏胶结料原料及生产工艺有哪些?

答：无水石膏胶结料所用的石膏一般有三种来源。一是天然无水石膏；二是副产无水石膏；三是由二水石膏（包括天然二水石膏和副产二水石膏）经高温煅烧制取的无水石膏。由于来源不同，无水石膏的胶凝性能也不同，其中天然无水石膏和副产无水石膏因无须煅烧，且储量很大，是今后无水石膏胶结料的主要原料。

对无水石膏胶结料用的原料要求一般为：

(1) 无水石膏：经40℃恒重的磨细无水石膏，应符合$CaSO_4$含量≥85%，杂质含量≤12%，且对无水石膏性能无不良影响，化学结晶水含量≤3%，pH≥7。

（2）激发剂：按照德国标准规定，经过40℃干燥后，在使用时无水石膏胶结料中允许的激发剂含量为：碱性激发剂≤7%，盐类激发剂≤3%，复合激发剂≤5%。

天然无水石膏本身活性非常差，水化能力低，凝结硬化慢，只有掺入酸性或碱性激发剂，才能成为具有一定强度，且具有良好物理性能的胶凝材料。因此，激发剂的选择是无水石膏胶结料的关键。

利用煅烧二水石膏生产无水石膏胶结料的生产工艺有哪些基本工序？

答：（1）在破碎机内破碎至粒径50～100mm和30～40mm的石膏石块石，适宜在立窑或回转窑内煅烧。

（2）二水石膏在立窑或回转窑内煅烧，物料在600～750℃的煅烧带保持3～4h，在冷却带保持6～8h。物料在立窑内保留时间，包括预热时间达到16～18h。

（3）冷却后无水石膏的破碎，在锤式或辊式破碎机内进行，破碎后的粒径在80mm以下。

（4）硬化激发剂经干燥后，粉磨粒径在3mm以下。

（5）将所有组分计量后在球磨机内共同粉磨。达到80μm筛筛余量小于15%，即可包装出厂。

（6）当使用高炉矿渣或粉煤灰时，先将其干燥至湿度1%以下，然后与无水石膏共同磨细。

无水石膏胶结料生产中应注意哪几方面的问题？

答：（1）在无水石膏胶结料中，无水石膏的细度应尽可能细，为提高早期强度，建议200目筛余不超过4%。由于矿渣的硬度大于无水石膏，因此，生产时应将两种原料分别粉磨后再混合。

（2）无水石膏胶结料生产中，硫酸盐类激发剂的掺入量应严格控制，尤其是一价阳离子硫酸盐，一般不超过1%，掺入过多会引起制品出现盐析现象。明矾石或煅烧明矾石的掺量不宜超过3%，否则会引起水泥石膨胀过大，使强度下降。

（3）多种盐类激发剂复合的效果好于单一激发剂。

（4）碱性激发剂能较好地提高无水石膏胶结料的耐水性。但对无水石膏胶结料强度的提高不如复合激发剂。

无水石膏Ⅱ的定义是什么？

答：无水石膏Ⅱ又称β无水石膏，或称不溶性无水石膏。它是由二水石膏、半水石膏和无水石膏Ⅲ经高温脱水后在常温下稳定的最终产物。在自然界中稳定存在的天然无水石膏也属此类。

根据煅烧温度，过烧石膏对水都有或大或小的反应活性。如果过烧石膏的烧成温度超过800℃，它的水化动力学是很慢的。

大自然中也存在着具体结晶相，并且结晶形态相同，也就是天然无水石膏，但它是一种很致密的岩石，比二水石膏硬得多。

烧成的无水石膏Ⅱ和天然无水石膏对水的反应性能是相同的。但是，由于这两种物质的表面状态及其孔隙率不同，它们的水化速度不同。

无水石膏Ⅲ的分类有哪些?

答：无水石膏Ⅲ一般分为 α 型与 β 型两个变体，它们分别由 α 型与 β 型半水石膏脱水而成。无水石膏Ⅲ的变体最早由 Lehmann 等人确定，他们认为除 α-无水石膏Ⅲ与 β-无水石膏Ⅲ以外，还存在一种类似 β-无水石膏Ⅲ的无水石膏。这种无水石膏是在水蒸气压极低的状态下迅速排除水分，越过 $CaSO_4 \cdot \frac{1}{2}H_2O$ 的中间阶段直接形成，比表面积约是 β-无水石膏Ⅲ的 10 倍。

在不同温度下焙烧成的无水石膏Ⅱ型在晶体结构上有什么不同?

答：在熟石膏工业中，经焙烧制成的无水石膏Ⅱ型常被称为过烧石膏。

在低温（350℃）下烧成的无水石膏和在高温（700～800℃时）下烧成的无水石膏，它们在遇水时水化成二水石膏的速度是不同的。低温烧成的无水石膏因具有晶格结构缺陷，加快了它的水化动力进程。因为此时它从无水石膏Ⅲ型的六角形晶系转变为正交晶系。

与此相反，高温下烧成的无水石膏却很稳定。由于没有晶体结构缺陷，它的密度增加了。这种无水石膏的惰性与天然无水石膏相近。

高温煅烧脱硫无水石膏胶凝性怎样变化及如何提高其胶凝性?

答：当煅烧温度为 150～300℃，煅烧时间为 2h 时，脱硫石膏生成 $CaSO_4$ 与 $CaSO_4 \cdot 0.5H_2O$ 共存的混合石膏，具有最好的胶凝性能。

在经过 500～600℃煅烧的脱硫石膏中掺入水泥熟料与 CaO，可显著提高脱硫石膏的胶凝性能，而掺有碱性激发剂的脱硫石膏，会出现泛碱现象，影响其力学性能，不利于脱硫石膏胶凝性能的提高。加入不同激发剂的煅烧脱硫石膏水化样的微观结构间有很大区别。

当脱硫石膏的煅烧温度高于 700℃时，生成不具有胶凝性的 $CaSO_4$，因此在煅烧脱硫石膏的过程中不宜采用较高温度。

第三节 石膏应用理论知识

在无水石膏胶结料应用中，应注意哪些问题?

答：(1) 无水石膏胶结料的耐水性不如普通水泥，因此，不宜在潮湿和水下工程中应用。

（2）无水石膏胶结料的主要水化产物是二水石膏及部分水硬性产物，二水石膏受热脱水，会改变晶体结构，从而导致制品破坏。因此，无水石膏胶结料的使用温度不宜超过 100℃，短时间受热不宜超过 80℃。

（3）利用无水石膏胶结料制备混凝土及其制品时，应采用自然空气养护，对添加矿渣、粉煤灰水泥等碱性激发剂的无水石膏水泥，可适当采用间隔几天淋湿的方法进行养护，以保证水化的正常进行。

（4）无水石膏胶结料在应用于砌筑、抹灰等方面时，掺砂量不宜过高，以保证其强度的正常发挥。

无水石膏砌块生产工艺如何?

答：无水石膏砌块的生产一般可采用两种方式：一种是在无水石膏胶结料的基础上，通过添加少量半水石膏和激发剂，进一步加速凝结时间，采用浇注成型的方式生产，模具的规格一般为 660mm×500mm×（80～120）mm；另一种可用无水石膏胶结料配以其他填料和集料，采用小型混凝土空心砌块或空心砖生产工艺振压成型。其生产工艺流程如下：

（1）浇注成型砌块：

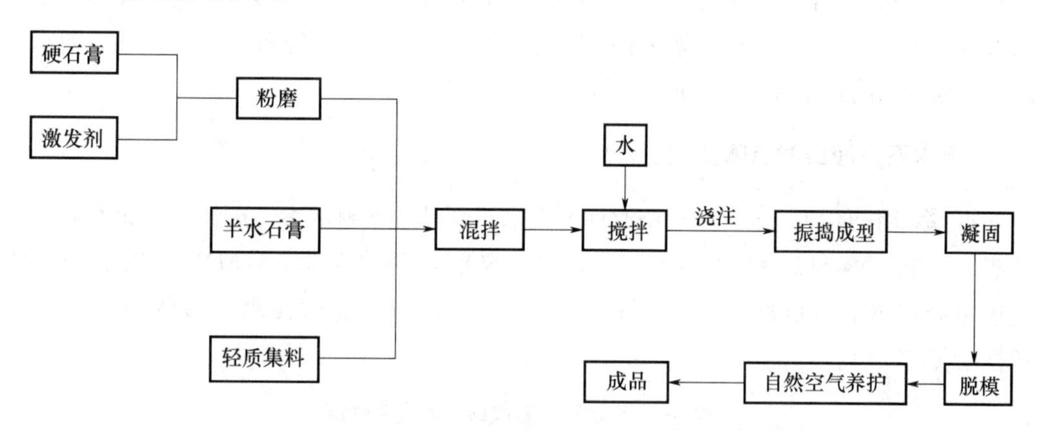

（2）振压成型砌块（空心砖）：

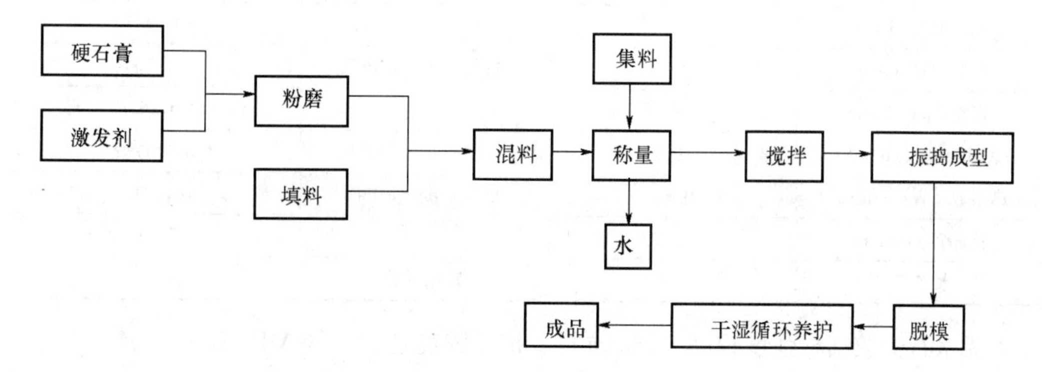

无水石膏砌块的生产配方根据成型工艺的不同而不同，浇注成型要求浆体的扩散直径≥180mm，流动性能好，易于成型，因此需要加大用水量，同时又要求砌块的凝结时间短、脱模快。一般在激发剂用量不变的情况下，可通过添加半水石膏来提高早期水化速率，调节凝结时间，半水石膏用量一般在5%～15%。同时，由于无水石膏的堆积密度大于半水石膏，在生产中需要添加轻质集料（膨胀珍珠岩、膨胀蛭石、浮石、轻质陶粒、废塑料泡沫等）来降低密度，对有耐水性要求的砌块往往还需添加粉煤灰、矿渣等水硬性材料。浇注成型砌块的参考配料比为：

无水石膏：激发剂：半水石膏：轻质集料：填料=(50～80)：(0.5～2)：(5～15)：(2～15)：(10～20)

振压成型的砌块和空心砖，由于用水量小，制品密实，强度较高，对配比的要求可适当降低，激发剂的用量可适当减少，一般配料比为：

无水石膏：激发剂：粉煤灰(矿渣)：集料=(50～80)：(0.2～1)：(10～20)：(10～30)

能否提高无水石膏制品的强度，关键在于能否提高胶结料的强度。同时也取决于集料的强度和级配。在压制成型制品中，可加入煤渣等集料，但一定要进行破碎和筛分。承重砖可加入适量中粗砂作为集料。

与无水石膏胶结料一样，不同产地和品种的无水石膏制品性能差别较大，尤其是无水石膏中二水石膏含量对凝结时间的影响颇大，因此在选择无水石膏原料时要严格控制二水石膏含量应≤5%。氟石膏由于晶粒尺寸小，结晶发育不完善，而具有较好的水化活性，其制品的强度和凝结时间优于天然无水石膏。

无水石膏胶结材有哪些性能？

答：采用Na_2SO_4激发、矿渣改性的无水石膏基胶结材的参考配比为：无水石膏：矿渣：水泥：Na_2SO_4=100：20：5：1，$Na_2SO_4$1，并掺入0.5%FDN为助磨剂，将上述组分在球磨机混磨成比表面积为4500～5000cm^2/g的无水石膏胶结材，其参考性能见表5-1。

表5-1 无水石膏基胶结材的参考性能

项目	指数	项目	指数
标准稠度（%）	27	抗折强度（MPa）	3d，4.12
初凝时间（min）	178		7d，5.46
终凝时间（min）	266		28d，6.89
表观密度（kg/m^3）	1600	抗压强度（MPa）	3d，17.2
导热系数［W/（m·K)］	0.63		7d，21.5
干缩率（mm/m）	0.46		28d，30.2
吸水率（%）	7.8	软化系数	0.78

无水石膏胶结材强度较高。28d抗折、抗压强度达到6.89MPa和30.2MPa，且强度发展快，3d抗压强度可达28d的57%；硬化体表观密度1600kg/m^3，属轻质胶凝材

料；导热系数 0.63W/（m·K），其保温隔热性优于一般水泥基材料；干缩率为 0.46mm/m，体积稳定性较好，吸水率 7.8%，大大低于建筑石膏，而与水泥基材料相当；软化系数 0.78，比一般石膏基材料提高 1 倍以上，干湿循环强度损失较低，能经受干湿变化的作用，并且无水石膏胶结材耐水性较好，可用于潮湿环境。

经硫酸盐激发、矿渣改性的无水石膏胶结材具有质轻、强度较高、耐水性较好、干缩率较小的特点，与水泥基材料有很好的互补性。

不同的粉磨方式对天然无水石膏的物理性能有什么影响？

答：为了实现天然无水石膏的水化硬化性能，采用由天然无水石膏、激发剂、速凝剂等组分配合而成的无水石膏胶结料来进行试验。在组分相同的条件下，得到的结果是：在对天然无水石膏的水化活性的激发，尤其是早期的凝结硬化方面，使用莱歇磨和雷蒙磨的效果不如使用球磨机的效果好，凝结时间明显延长。从强度角度来看，使用工业球磨机的 7d 和 28d 抗折、抗压强度均最高，而使用莱歇磨制备的粉料的各项物理性能最差。这里虽然有在工业制粉过程中原料品位上的不均衡所带来的影响，但从比表面积、粒度等方面也可看出，立式磨由于其制粉工艺的特点，对比表面积的提高不利，尽管立磨加气流磨能使物料超细，但其比表面积只有 3910cm^2/g，且需水量没有明显增大。

球磨机工作原理是使物料与球形研磨体置于旋转的筒体内，研磨体被筒体带到一定高度抛落，冲击筒体内物料，将物料击碎；在磨机回转过程中，研磨体还以滑动和滚动研磨研磨体与衬板间及相邻研磨体间的物料。研磨体的冲击使无水石膏块断裂成粗糙小颗粒并产生许多裂纹，再通过球形研磨体的不断研磨，使物料磨细，颗粒也由原来的小块逐渐变成近似球形，比表面积和表面活性逐渐提高。

莱歇磨和雷蒙磨均属立式辊磨，是根据料床粉磨原理来粉磨物料的机械，核心部件是磨辊和磨盘。不同之处是莱歇磨为平磨盘与锥形磨辊，而新型雷蒙磨为带 15°倾角的碗状磨盘与圆柱形磨辊。工作原理相同，即物料进入磨盘后，磨辊在液压装置和加压机构的作用下向辊道内的物料施加压力，当辊压力增加到或超过某些物料的抗折强度时，物料即被压碎。其他颗粒的物料接着被连续不断地碾压使粒度减小，直到细颗粒被挤出磨盘而溢出。这种压碎方式对无水石膏块表面的作用较小，相反挤压作用使无水石膏粉料的颗粒更致密，颗粒表面更光滑，对无水石膏水化活性的发挥起阻碍作用。

气旋式气流粉碎机的工作原理为：压缩空气经过冷却、过滤、干燥后，经喷嘴形成超音速气流射入粉碎室，使物料流态化，被加速的物料在数个喷嘴的交会点会合，产生剧烈的碰撞、磨擦、剪切而形成颗粒的超细粉碎。粉碎后的物料被上升的气流输送至叶轮分级区内，在分级轮离心力和风机抽力的作用下，实现粗细粉的分离，合格的细粉随气流进入旋风收集器、袋式除尘器收集，净化的气体由引风机排出。由此可见，气流磨对物料的粉碎主要是通过物料颗粒之间的碰撞与磨擦，没有外来研磨介质的作用，因而保留了物料原有的颗料形态。颗粒之间相互碰撞、磨擦的结果使物料颗粒表面更加光滑。将莱歇磨制备的物料利用气流磨进行超细，颗粒形貌仍以块状居多且均匀，电镜照片中颗粒表面亮度最高，表明物料表面最光滑。这是气流磨对无水石膏粉水化硬化性能提高作用不大的重要原因。

无水石膏的水化反应分为哪几个阶段?

答：无水石膏的水化反应分为以下几个阶段：

第一阶段（Ⅰ）：无水石膏颗粒与水接触时，立即反应进行的阶段。此阶段溶解度升高很快，具有一定的水化速度，但时间较短。

第二阶段（Ⅱ）：即所谓的潜伏期阶段。此阶段溶解度上升较快，但水化反应速度很慢，为晶核生成的控制阶段。此阶段时间长短变化较大，影响因素较多，如无水石膏的品种、温度、催化剂浓度、水膏比等。此阶段时间长短决定初凝时间的长短。

第三阶段（Ⅲ）：这一阶段反应进行很快，反应速度与时俱增。此阶段是在上阶段晶核生成达到临界尺寸后很快结晶的阶段，所以水化率呈直线上升。

第四阶段（Ⅳ）：最活泼的反应阶段结束后，反应速度逐渐减慢的阶段。此阶段晶体继续生成，但由于反应物浓度下降，溶液中离子浓度较低，总的反应速度下降。

第五阶段（Ⅴ）：水化反应速度减慢至逐渐趋于平稳，钙离子浓度逐渐接近催化剂和二水石膏混合液的平衡浓度，此阶段时间相对较长。

将以上五个阶段合并为三个时期。Ⅰ阶段和Ⅱ阶段为诱导期，Ⅲ阶段为加速期，Ⅳ阶段和Ⅴ阶段是缓慢期。其中诱导期和加速期对无水石膏水化最重要，决定了无水石膏的凝结时间、早期强度和耐久性。

无水石膏水化硬化的过程是什么?

答：(1) 无水石膏水化率低、凝结硬化缓慢、二水石膏析晶过饱和度低是无水石膏水化硬化缓慢的内在原因。

(2) 无水石膏的水化进程分为无水石膏溶解、二水石膏晶核形成与溶解、二水石膏晶体生长三个阶段。二水石膏晶体生长是控制过程，引入二水石膏晶种能促进无水石膏水化的原因是，增加了二水石膏晶体生长点，而硫酸盐激发剂又加快了无水石膏水化进程，则使二水石膏析晶过饱和度提高，二水石膏晶体生长速率加快。

无水石膏水化硬化及其影响因素有哪些?

答：(1) 杂质的影响

天然无水石膏中杂质有：①云解石、白云石等碳酸盐矿物；②二水石膏；③黏土质矿物。

碳酸盐类杂质在酸性介质中可逸出 CO_2 而造成无水石膏基材料体积膨胀和密实度降低；黏土类硅酸盐杂质则使无水石膏胶结材强度降低；低含量二水石膏对无水石膏溶解与水化有促进作用；钾、钠等碱组分可提高无水石膏溶解活性。

(2) 温度的影响

提高水化温度可使无水石膏溶解速率加快，但其溶解度降低，二水石膏析晶过饱和度进一步降低，中后期水化率明显降低，因此，不能采用热养护工艺提高无水石膏胶结材料的水化硬化进程。

无水石膏转化为二水石膏一般为10～50℃。低于10℃水化太慢，固化后强度很低；高于50℃基本不水化，不易凝结固化。

(3) pH值的影响

pH值对无水石膏水化硬化有显著影响，酸性条件下，无水石膏溶解加快，溶解度增加，由于无水石膏溶解度增加值超过二水石膏，酸性条件使二水石膏析晶过饱和度增加，成核速率相应增大，二水石膏晶体细化，硬化体强度提高。无水石膏胶结材料水化硬化适宜于在弱酸性介质中进行，可优选酸性激发技术。

(4) 激发剂加速了无水石膏水化的速度

参考国内外有关资料，采用酸性、碱性和复合激发剂去激发磨细天然无水石膏，加速水化、硬化。

在激发剂的作用下加速溶解，在二水石膏晶核诱发下，又重新结晶成二水石膏。无水石膏胶结料初凝时间大于45min，终凝时间大于3h小于8h，类似普通水泥。由于无水石膏胶凝材料无须煅烧，与水泥、石灰、建筑石膏等相比，它们是一种很好的节能型胶凝材料。

(5) 细度对无水石膏水化的影响

同水泥等材料一样，磨细度对无水石膏胶结料水化速度，特别是水化产物早期强度有明显的影响。当磨细无水石膏比表面积为3000cm^2/g时，抗压强度为14MPa；当比表面积高达5000cm^2/g时，水化7d强度32Ma。由此可见强化生产工艺选用新型细磨和分级设备，对提高无水石膏胶凝材料的细度和强度意义重大。

(6) 水膏比对制品强度的影响

在生产无水石膏制品时应严格控制水膏比，一般可考虑掺入减水剂或塑化剂获得优良的无水石膏制品，同时也利于生产操作。

为什么人工制取的无水石膏Ⅱ与天然无水石膏在水化性质上有差异?

答：这是因为人工脱水生成无水石膏Ⅱ的过程中可产生较多的缺陷和孔隙，甚至出现分解的CaO微粒夹杂在晶格中，从而大大提高了人工无水石膏Ⅱ的水化活性。而天然无水石膏却不然，它是在漫长的地质作用过程中形成的，晶体结构趋于完整密实，因此对水的反应能力极差，溶解速度极慢，所以更难以进行活化。

不同激发剂对无水石膏的作用有什么不同?

答：无水石膏掺入了以硫酸铝为代表的酸性激发剂，以矿渣和水泥为代表的碱性激发剂，及以上两种激发剂组成的复合激发剂，对这三种激发剂的作用比较结果如下：

(1) 水化生成物：掺入复合激发剂和碱性激发剂后生成二水石膏和硫铝酸钙，掺入酸性激发剂后只生成二水石膏。

(2) 水化程度：在相同龄期下，酸性激发剂对无水石膏的水化程度影响最大，复合激发剂次之，掺加碱性激发剂的影响最小。

(3) 孔隙率：掺加酸性激发剂的无水石膏试体，孔隙率最大，掺加碱性激发剂的无水石膏次之，掺加复合激发剂无水石膏的最小。

(4) 强度：与孔隙率的结果相反，掺加复合激发剂的无水石膏强度最高，掺加碱性激发剂的无水石膏次之，掺加酸性激发剂的无水石膏最低。

另外，从软化系数来看，掺加酸性激发剂的无水石膏耐水性较差，软化系数只有0.2～0.6；掺加碱性激发剂和复合激发剂的无水石膏软化系数均可达0.8～0.9，具有一定的耐水性。

用半水石膏作无水石膏的激发剂对其水化过程有何影响？

答：在无水石膏水化过程中，如果有半水石膏的参与，对提高早期过饱和度，对析晶和提高早期水化率均有明显作用，因此它也是一种能加速无水石膏水化与硬化的理想激发剂。

未煅烧的二水石膏与煅烧后的二水石膏对天然无水石膏胶凝体系的激发效果有什么差异？

答：将二水石膏和天然无水石膏一起煅烧能有效改变无水石膏胶凝体系的凝结硬化时间。

对比石膏混合物料煅烧前后的X射线图谱，发现煅烧后无水石膏的主要峰有明显增加，且有新的物相峰出现，这表明在煅烧过程中，二水石膏生成了包括半水石膏在内的多种具有溶解活性的物质，这些物质与添加的外加剂一起激发了无水石膏的水化活性，且在煅烧过程中无水石膏结构产生畸变，导致其溶解活性增强。

通过与不煅烧二水石膏的试验进行比较，发现其改性效果明显低于煅烧二水石膏，表明经煅烧后二水石膏生成的半水石膏的促凝效果比二水石膏明显。这是因为半水石膏多孔的晶体结构在与水接触中处于有利地位，在石膏晶核诱发下无水石膏结晶成糖粒状石膏。

不同养护环境对无水石膏胶凝材料的返霜有什么影响？

答：环境对无水石膏胶凝材料的返霜有很大的影响。不同的环境下，是否返霜及返霜的程度，都有很大的不同。

①在低温环境下，引发返霜问题的激发剂最多，且有很多激发剂只在这种情况下才返霜，低温是无水石膏容易返霜的环境之一。②高温环境下水分蒸发较快，外加剂离子容易随水分子向表面迁移。③在密封的状况下不易发生返霜现象，尤其是出现白色的富集物。这是由于在密封的条件下，当内部的湿度达到一定的程度时，试块内的水分不易甚至不能由内迁移到外面来。④一般情况下，在六至七天内发生返霜现象明显。⑤部分在经水浸泡后发生软化现象，说明这些激发剂对无水石膏活性的激发效果不是很好，不

易出现返霜现象的主要原因是激发剂离子迁移到水中，使得返霜现象不易观察到。

无水石膏制品返霜的危害及防治措施是什么？

答：（1）返霜机理及危害：由于无水石膏水化硬化很缓慢，即使加入半水石膏凝结时间也较长，故需通过加入激发剂激发无水石膏的水化硬化活性，使无水石膏的凝结速度加快。

根据水化硬化机理，盐类激发剂在整个水化过程中，不参与网络结构的形成，只是附着在无水石膏晶体上，通过复盐的形成和分解来促进无水石膏的水化。随着水化的逐步推进，水化后期主要是晶体生长过程，复盐作用在减弱，盐类激发剂从无水石膏胶结料中分离出来，填充于无水石膏胶结料的空隙。随着盐类物质被分离出来的量增多及外界环境的变化，制品中的水分沿毛细孔隙向外迁移。盐类激发剂也随着水分的迁移而发生离子迁移，富集在无水石膏的表面，在适宜的条件下形成盐霜。一方面，返霜使制品表面形成污垢，影响装饰效果；另一方面，返霜使制品表面粉化，制品密实性遭到破坏，严重影响到制品强度及耐久性。使其应用受限。

（2）防治返霜的途径：盐类激发剂能较好地激发无水石膏的活性，是无水石膏利用过程中不可缺少的添加剂。为有效抑制返霜，宜采用综合治理方法：选择合格原料，掺加复合外加剂，提高制品密实度，采用合理的搅拌与成型工艺等。

① 选择合格原料：天然无水石膏的粒度应尽可能细，要求 200 目全部通过；同时要注意粉磨方式，不同的粉磨方式对无水石膏活性的影响很大，球磨是一种较为有效的方法。

② 掺加复合外加剂：应选择不易返霜且能有效激发活性的复合（如铝盐和钾盐系列）激发剂，并控制掺入量；也可选择碱性激发剂和盐类激发剂共同作用，以达到抑制返霜的目的。适当添加减水剂，减少料浆拌和用水量，降低水灰比，提高硬化体密实度，阻碍盐分由内向外的迁移，也要阻止外界侵蚀性介质的侵入。复合外加剂的添加，要注重以提高无水石膏制品早期强度为主。

③ 采用合理的搅拌与成型工艺：首先应该把物料充分拌匀，使复合外加剂组分均匀地分散在体系中，以利于充分发挥各自功能。根据无水石膏应用方向的不同，应选择不同的成型方式，确定不同水灰比，使物料的稠度达到满足要求的最小稠度。一般来说，制品成型以机械振捣或挤压、半干压方式为宜。

水泥对无水石膏力学性能及耐水性能的影响是什么？

答：水泥之所以能够提高无水石膏的强度及软化系数，是由于在混合物的水化硬化过程中，形成了一部分硅酸钙、铝酸钙等水化产物，这些水化产物的强度和稳定性均比二水石膏结晶结构的大，在水中的溶解度也小，从而在硬化体中形成较稳定的网络结构。因此，在活化无水石膏中掺入水泥可以改善其力学性能及耐水性能，且随着掺量的增加，效果愈加明显。在满足相关标准对石膏基材料性能要求的前提下，基于充分利用无水石膏资源及保证材料的体积安定性考虑，水泥的掺量控制在5%以内为宜。

如何改善无水石膏的体积稳定性？

答：用无水石膏生产的抹灰石膏类产品的强度、硬度和耐水性不是主要问题，无水石膏胶凝材料的早期水化率和后期的体积稳定性才是最关键的问题。特别是软化系数，按定义软化系数大于0.8就是耐水材料了，无水石膏水泥复合胶凝材料的软化系数可以做到大于0.8，但是这样的无水石膏水泥后期体积稳定性很差，不可能用在潮湿的地方，否则会出现膨胀开裂现象，严格地讲它是最怕水的。

无水石膏胶结料的早期水化率和后期体积稳定性，实质是一个问题，无水石膏制品遇水体积膨胀的内因是无水石膏本身。因此，提高了无水石膏制品中无水石膏的水化率，也就减小了后期遇水体积膨胀的内在因素。单纯采用水泥、磨细矿粉、石灰等碱性材料来激发改性无水石膏胶结料，这种做法对无水石膏早期水化是不利的。因为碱性激发剂的效果本来就不明显，水化后生成的硅酸盐胶体又包裹了无水石膏颗粒，妨碍无水石膏进一步水化。提高无水石膏的早期水化率，一般盐类材料较好，如硫酸盐、硝酸盐、铬酸盐和草酸等。

无水石膏复合胶凝材料可应用于哪几个方面？

答：无水石膏复合胶凝材料的应用领域尚处于开发过程中，目前认为有可能用于如下几个方面：

（1）制作预制品。不仅易于浇筑可在短时间内脱模。

（2）浇筑自流平地面。使30%～40%（质量百分率）的无水石膏复合胶凝材料与60%～70%（质量百分率）的砂子均匀混合并加适量水与外加剂后，可得到一种较好的自流平砂浆。其28d的抗压强度可达25MPa，干缩率与湿胀率均低于0.02%。

（3）用作有害废渣的“包裹”材料。有些工业废灰、废渣对人体有害，焚烧生活垃圾所得废灰中含有某些重金属，为此必须用合适的胶凝材料“包裹”，从而成为无害于环境的“惰性废弃物”。由于无水石膏复合胶凝材料水化后有很好的稳定性与耐水性，因此在这方面有很广阔的应用前景。

（4）作为防火的涂层或复面层。无水石膏复合胶凝材料硬化体有很高的蓄热性与防火性，故可用作防火涂层，例如可作为钢结构建筑物中钢梁与钢柱的复面层。

（5）用于海洋工程中。无水石膏复合胶凝材料可在海水中凝固，且不会溶于海水，也不受海水的侵蚀。例如，可用于除去泄漏于海水中的油污，还可净化海洋和保护水生动物的生态环境。

高强石膏的主要组成与晶体结构是什么？

答：高强石膏材料是主要由α-半水石膏组成的胶结材料，一般认为抗压强度达到3～50MPa的α-半水石膏即为高强石膏材料，大于50MPa则为超高强石膏材料。高强石膏材料已被广泛应用于机械制造、精密铸造、汽车、陶瓷、建筑、工艺美术和医疗等众多领域。

α-半水石膏的化学组成虽然简单，但其所属晶系尚未定论。值得指出的是，石膏是多相体，α-半水石膏与β-半水石膏只是石膏脱水相一个系统中的两个相，两者在微观结构即原子排列的精细结构上没有本质的差别，宏观性能差别较大的原因是由晶粒形态、大小及分散度方面的差异决定的。α-半水石膏水化速度慢、水化热低、需水量小、硬化体结构密实、强度高；β-半水石膏则恰好相反。

迄今为止，国内外生产α-半水石膏的方法主要有三种：一是加压水蒸气法；二是加压水溶液法；三是上述两种方法联合制取。其他如陈化法、干闷法、液相蒸压法等均为这些工艺方法的改进或变异。这些方法得到的产品强度比较高。

石膏胶凝材料有哪些性能？

答：石膏胶凝材料具有以下性能：

① 凝结硬化快。建筑石膏与水拌和后，在常温下数分钟即可初凝，而终凝一般在30min以内。在室内自然干燥的条件下，达到完全硬化约需要一个星期。建筑石膏的凝结硬化速度非常快，其凝结时间随着煅烧温度、磨细程度和杂质含量等的不同而变化。凝结时间可按要求进行调整：若需要延缓凝结时间，可掺加缓凝剂，以降低半水石膏的溶解度和溶解速度，如亚硫酸盐酒精溶液、硼砂或者用灰活化的骨胶、皮胶和蛋白胶等；如需要加速建筑石膏的凝结，则可以掺加促凝剂，如氯化钠、氯化镁、氟硅酸钠、硫酸钠、硫酸镁等，以加快半水石膏的溶解度和溶解速度。

② 硬化时体积微胀。建筑石膏在凝结硬化过程中，体积略有膨胀，一般膨胀值为0.05%～0.15%，硬化时不会像水泥基材料那样因收缩而出现裂缝。因而，建筑石膏可以不掺加填料而单独使用。硬化后的石膏，表面光滑、质感丰满，具有非常好的装饰性。石膏胶凝材料凝结硬化后不收缩的特性是该材料能够作为各种精确模具的关键，这种性质对石膏胶凝材料应用于自流平地坪材料、墙面抹灰材料也十分有利。

③ 硬化后孔隙率较大，表观密度和强度较低：建筑石膏的水化在理论上其需水量只需要石膏质量的18.6%，但实际上为了使石膏浆体具有一定的可塑性，往往需要加入60%～80%的水，多余的水分在硬化过程中逐渐蒸发，使硬化后的石膏结构中留下大量的孔隙，一般孔隙率为50%～60%。因此，建筑石膏硬化后，强度较低，表观密度较小，热导率小，吸声性较好。

④ 防火性能良好。石膏硬化后的结晶物$CaSO_4 \cdot 2H_2O$遇到火焰的高温时，结晶水蒸发，吸收热量并在表面生成具有良好绝热性能的无水物，起到阻止火焰蔓延和温度升高的作用，所以石膏具有良好的抗火性能。

⑤ 具有一定的调温、调湿作用。建筑石膏的热容量大，吸湿性强，故能够对环境温度和湿度起到一定的调节和缓冲作用。石膏制品是一种多孔材料，具有很好的呼吸功能。若居室用石膏制品做内墙，在潮湿的季节，它能吸收潮气，使人干爽；在干燥的季节，又能放出水分，使人滋润舒服。

⑥ 耐水性、抗冻性和耐热性差。建筑石膏硬化后具有很强的吸湿性和吸水性，在潮湿的环境中，晶体间的粘结力减弱，导致强度降低。处于水中的石膏晶体还会因为溶解而引起破坏。在流动的水中破坏更快，因而石膏的软化系数只有0.2～0.3。若石膏吸水后受冻，则孔隙内的水分结冰，产生体积膨胀，使硬化后的石膏晶体破坏。因而，石膏的耐水性、抗冻性较差。此外，若在温度过高（如超过65℃）的环境中使用，二水石膏会脱水分解，造成强度降低。因此，建筑石膏不宜应用于潮湿环境和温度过高的环境中。

在建筑石膏中掺加一定量的水泥或者其他含有活性CaO、Al_2O_3和SiO_2的材料，如粒化高炉矿渣、石灰、粉煤灰，或某些有机防水剂等，可不同程度地改善建筑石膏的耐水性。提高石膏的耐水性是改善石膏性能、扩展石膏用途的重要途径。

石膏制品的软化系数指什么？

答：在建材行业常用到软化系数这个名词，软化系数是指材料饱和含水率（或饱和吸水率）下的强度与绝干强度的比值，每种材料只有一个数值，例如，黏土砖、灰砂砖和煤渣砖等，其软化系数在0.7～0.8之间。不饱和软化系数是指某种材料在不同含水率（或吸水率）下的强度和绝干强度的比值，而且有许多个数值。

绝大部分建筑材料，在烘干过程中其强度随含水率降低而逐步提高，即不饱和软化系数随含水率降低而逐步提高。但石膏制品与众不同，含水率从30%降到5%，强度几乎不变。不饱和软化系数都是0.4左右。只有当含水率降到5%以下，强度才会明显提高，含水率从3%降至0%，强度会直线上升。因此，石膏制品的出厂含水率必须在3%以下。

石膏建筑制品有哪些性能？

答：石膏建筑制品的性能主要体现在以下几个方面：

① 质轻。制造石膏板通常掺有锯末、膨胀珍珠岩、蛭石等填料或发泡，一般密度只有900kg/m³，并且可以做得很薄，如制作9mm厚/m²的板材，其质量约为8.1kg。当厚度为10mm，面积为1m²时，其质量只有7～9kg。两张石膏板复合起来就是很好的内墙，加上龙骨，每平方米的墙面也不超过30～40kg，还不到砖墙质量的1/5，这样既节省砖材，又大大减轻了运输量，而且施工方便，没有湿作业，便于装修，经济美观。

② 抗弯强度较高。以纸面石膏板为例，其抗弯强度取决于石膏和纸（或增强纤维），特别是纸的强度及其粘结力。纸面石膏板的抗弯强度一般为8MPa左右，能满足做隔墙和饰面的需要。

③ 防火性好。石膏板是不可燃的，因为石膏是一种不燃烧的材料，与石膏紧贴在一起的纸板即使点燃也只是烧焦，不可能燃烧。若用喷灯火焰将10mm厚的石膏板剧烈加热，其反面的温度在40～50min的时间内，仍低于木料的着火点（230℃）。这是因为

石膏板中的二水石膏，当加热到100℃以上时，结晶水开始分解，并在面向火焰的表面上产生一层水蒸气幕，因此在结晶结构全部分解以前，温度上升十分缓慢。

④ 尺寸稳定、加工方便、装饰美观。由于石膏制品的伸缩比很小，达到最大的吸水率57%时，其伸长率也只有0.09%左右，干燥收缩率则更小。因此，石膏制品的尺寸稳定、变形小。石膏制品的加工性能好，石膏板可切割、可锯、可钉，板上可贴各种颜色、各种图案的面纸。近年来国外也有在石膏板上贴一层0.1mm厚的铝箔，使其具有金属光泽，也有贴木薄片的，使其具有木板的外观。因此，石膏制品具有良好的装饰性能。此外，石膏制品还具有良好的绝热隔声性能，是较理想的内隔墙的吊顶材料。

⑤ 耐水性差。石膏本身是气硬性胶凝材料，不耐水。对于纸面石膏板来说，由于以纸为面层，两面的耐水性均差。一般要求在空气相对湿度不超过60%～70%的室内使用。表层纸对空气湿度很敏感，当纸的含湿量达到3%～5%时，因纸面石膏板的强度降低会发生很小的垂弯现象，但如采用防水纸或金属箔则在一定程度上可以防止这种现象发生。

第四节　工业副产石膏——脱硫石膏专题

工业副产石膏的定义及其主要品种是什么？

答：工业副产石膏是指工业生产排出的以硫酸钙为主要成分的副产品的总称，又称为化学石膏、合成石膏。主要品种如下：

（1）烟气脱硫石膏：燃料燃烧后排放的废气进行脱硫净化处理而得到的一种石膏。

（2）磷石膏：磷肥厂、合成洗衣粉厂等制造磷酸时的废渣。

（3）钛石膏：采用硫酸法生产钛白粉时，加入石灰（或电石渣）以中和大量的酸性废水所产生的以二水石膏为主要成分的废渣。

（4）氟石膏：制取氢氟酸时的废渣。

（5）盐石膏：也称硝皮子，是沿海制盐厂制盐时的副产品。

（6）柠檬酸渣：又称钙泥，是化工厂生产柠檬酸的废渣。

（7）硼石膏：制取硼酸时的废渣。

（8）模型石膏：陶瓷等工业制备模型后的废料。

不同工业副产石膏的杂质有哪些特点？

答：各种不同的工业副产石膏有各种不同的杂质，如磷石膏的杂质是磷酸生产中的残留P_2O_5、酸解磷灰石后残留的HF，氟石膏中的杂质是酸解萤石后残留的HF，硼石膏中的残留杂质是硼酸等。这些残留杂质对工业副产石膏的应用影响较大，应该将其清除到一定纯度。不同杂质的清除方法不一样，但是水洗清除是一种较为普遍、简单的杂质清除法。

工业副产石膏与天然石膏有哪些不同点？

答：工业副产石膏与天然石膏有很多不同点，主要有：

（1）质量均匀性不好。因为工业副产石膏不是工厂的正式产品，工厂为了主产品的质量经常会忽视对工业副产石膏的质量控制，所以每批工业副产石膏的质量会因为主产品的原料和工艺参数的变化而变化。不像天然石膏，同一矿点的天然石膏质量波动不大。不同单位排放的工业副产石膏质量差异更大。因此在仓储时尤其要注意均化。

（2）除废石膏模和废石膏板外，其余工业副产石膏都是含较高附着水（或称自由水）的潮湿粉体，仓储时容易结块，排料困难。因此在用料仓仓储时要使用专门的排料装置。

（3）工业副产石膏杂质可能比天然石膏少，但是绝大多数天然石膏的杂质是惰性杂质，而工业副产石膏的杂质则是活性较高的有害杂质，因此要注意杂质的清除。

（4）除废石膏模和废石膏板外，其余工业副产石膏都是含较高附着水的潮湿粉体，运输和使用均不方便。因此在用作水泥缓凝剂时一般均应造粒或压块，以便运输和使用。

（5）除废石膏模和废石膏板外，其余工业副产石膏附着水含量都较高。因此在使用一般煅烧设备煅烧时应有预干燥设施。

通常测量和规定的工业副产石膏的化学性能有哪些？

答：石膏的化学性能与石膏的纯度有关。虽然工业副产石膏的纯度通常较高（>95%），但对确定工业副产石膏的总体质量而言，重要的是杂质的性能。因此，规定石膏的水分含量和样品的纯度是很重要的。对非石膏组分的上限作出规定也是很重要的。通常测量的工业副产石膏的化学性能包括：水分、纯度、整块分析、酸不溶性物质、石英、残留碱性、酸碱度、氯化物、可溶性盐总量、可溶性钠、钾及镁、汞。

按石膏来源不同，其他特定的杂质（例如，脱硫石膏中的粉煤灰、有机碳总量及亚硫酸钙、氟石膏中的铝、磷石膏的磷酸类）也可考虑进行分析。

工业副产石膏化学性能测定的主要项目与测定方法是什么？

答：（1）附着水

采用干燥差减法测定，测定方法见现行国家标准《石膏化学分析方法》（GB/T 5484），工业副产石膏的附着水含量与运输和干燥的成本相关。

（2）纯度

石膏的纯度是利用质量分析的方法测量的。结合水基本上是通过在230℃焙烧前后准确称量样品质量来测定的。该方法假设，全部的质量损失是由石膏脱水成为无水物而引起的。如果有杂质在此温度范围损失质量，这将引起石膏含量的测量结果人为提高。在初始阶段，质量分析方法所计算出的石膏含量须经过SO_3总量测量方法确认。当试验证明，质量分析方法与 SO_3 测量法相符时，才可假定没有此温度范围内脱水的其他物质。

（3）整体分析

整体分析是提供一个总元素的分析，其中包括 CaO、MgO、Na_2O、K_2O、SiO_2、Al_2O_3、Fe_2O_3、SO_3 及微量金属。它起着确认纯度的作用，并用于判定不溶性物质的组成。测定方法见现行国家标准《石膏化学分析方法》(GB/T 5484)。

（4）酸不溶性物质

酸不溶性物质绝大部分由碱性反应剂和粉煤灰带进来的不溶性材料组成。这类不溶性物质由石英、泥土、长石类矿物等以及粉煤灰构成。所使用的方法是酸浸法。测定方法见现行国家标准《石膏化学分析方法》(GB/T 5484)。

（5）石英

石膏的石英含量很重要，是因为国家职业安全与卫生研究所规定，如果可吸入（$<10\mu m$）石英 $>1\%$，该材料就必须作为指定物质，而作出标记。如果石英总量 $>1\%$，则需要按颗粒尺寸进一步分离并进行后续的分析，以确定石膏细小碎片中的石英含量。石英含量是用 X 射线衍射法（XRD）或微分扫描测热法（DSC）测定的。DSC 方法基本上是这些组成的，即测量石膏不溶性碎片的 DSC 扫描结果；利用石英的转化焓，从转化吸热量计算出残留物的石英含量；再参照到原样品，计算出样品中的石英总量。XRD 方法则更多地依赖于操作者，所以关联误差可能更大。

（6）残留碱性

残留碱性测量的是石膏中未反应的石灰或石灰石反应剂的含量。如果使用的是基于石灰的系统，则多余未反应的反应剂将提高酸碱度值。如果使用的是基于石灰石的系统，则多余的反应剂将略微地提高酸碱度值（接近 8），并表现为惰性填充物。残留碱性的测量是通过用已知体积的标准酸使样品酸性化，而后以反向滴定法将多余的酸中和。

（7）酸碱度（pH 值）

工业副产石膏的酸碱度值通常规定在 6～8。酸碱度值大于 8 标志着碱性过大。酸碱度值低于 6，则表示石膏中可能残留着未反应的硫酸或亚硫酸。测定方法见现行国家标准《石膏化学分析方法》(GB/T 5484)。

（8）氯化物

工业副产石膏的氯化物含量是一个至关重要的参数，因为氯化物含量的升高将影响墙板制造中若干个单元的运行。同样，在规定氯化物时，规定可接受范围也是重要的。举例来说，假定氯化物含量规定最高为 100×10^{-6}，而一直在用的石膏氯化物含量为 100×10^{-6}，如果氯化物规定含量突然降到 50×10^{-6} 或更低，这种不一致性将影响制板操作。所以在规定氯化物含量时，建议将最大值和最小值都加以规定。氯化物测定方法见现行国家标准《石膏化学分析方法》(GB/T 5484)。

（9）可溶性盐总量

可溶性盐总量是工业副产石膏中其他可溶性物质（在氯化物之外）的标识。由于氯化物之外的可溶性盐影响墙板制造单元的作业，可溶性盐总量的规格有时也包括在其中。虽然有时可以假定为达到氯化物规格而进行的滤饼清洗步骤可将可溶性盐总量（TSS）降低到一个可接受的值，但情况并不总是这样。因此，建议作为一项质量控制参数进行 TSS 测量。TSS 测量方法是通过其水提取物的蒸发来进行的。

（10）可溶性钠、钾和镁

可溶性盐总量多半是由钠、钾和镁的硫酸盐或氯化物及氯化钙组成的。有时将可溶性正离子被标明出来可助于可溶性成分成的确立。

（11）汞

很久之前，人们就开始关注石膏中的汞元素。虽然烟气中的汞是受人关注的点，而且有些烟气脱硫系统对去除汞很有效率，但目前的众意却是汞是绝对可溶的，并不出现在石膏中。不过，为了完善起见，测量石膏中的汞以确定其是否处于人们可接受的水平，不失为慎重之举。可接受的水准可根据通常在天然石膏中所发现的水含量为基准来定。汞的测定是通过还原样品，然后用冷蒸气原子吸收法测定。

工业副产石膏实密度测定方法是什么？

答：测量工业副产石膏实密度是因为它与样品的纯度有关。纯石膏密度为 2.32g/cm^3。如果一种工业副产石膏的密度明显大于此值，则表明可能含有较大含量的高密度杂质，诸如石灰石、石英等。石膏的密实度通常是使用氦比重瓶测定法或液体比重瓶测定法测量。

工业副产石膏松密度测定方法是什么？

答：松密度是确定材料处理性能和石膏运输中表现的重要参数。对松散和拍实时的松密度都进行测量是很重要的，可把一部分有代表性的样品以均匀的速度，在规定的时段内（如 30s），加到有刻度的圆桶中，而后把圆桶放到密度测试仪上并按规定的次数（如 200 次）拍打。测量质量并测量拍打前后的体积以获取数据，计算出松散的和拍实的松密度。

工业副产石膏颗粒尺寸分布测定方法是什么？

答：工业副产石膏颗粒尺寸分布影响着过滤性能（因而也影响含水量）和其他大部分材料处理性能。颗粒尺寸分布的测量通常是通过过筛分析、沉降（使用沉降仪，一种基于斯托克斯沉降定律的仪器方法）和光/激光衍射（光学仪器方法）进行。这三种方法提供的颗粒尺寸数据的绝对值有所不同，因而颗粒尺寸的规格将要求对所使用的测试方法进行说明。试验表明，由沉降仪测出的平均颗粒尺寸明显小于由激光衍射所得出的尺寸。从使用方便、仪器报告的质量和数据可重复性方面来看，建议选用光/激光衍射方式。

工业副产石膏表面积测定方法是什么？

答：石膏的表面积通常用一台布莱恩仪器测得。虽然，也可用氮吸附法测量表面积

（BET 表面积），但试验表明，样品腔抽真空时，石膏因低气压而开始脱水，影响样品的结果。布莱恩方法需要测量通过一个台面的空气流通速度，台面上备有压缩到特定空隙率的颗粒。布莱恩方法对工业副产石膏而言，具有表面积测量值偏小的倾向，这是因为工业副产石膏中通常少有细粉。不过，尽管关联误差大，常测出过低的表面积，布莱恩测量仍不失为有用的品质控制工具。

工业副产石膏颗粒形状（纵横比）测定方法是什么？

答：石膏颗粒的纵横比显著地影响浆泥的脱水和材料的处理性能。总体而言，纵横比越接近越好，即球状或块状的颗粒是理想的。测量纵横比没有已发布的标准方法。通常是用光学显微镜观察颗粒并作出纵横比的定性判断。利用图像分析技术有可能对纵横比量化，这种技术为通过测量 200～300 颗粒后计算出平均纵横比。使用这个方法测量墙板的工业副产石膏，通常给出的纵横比值范围在 1.5～2.5 之间。

工业副产石膏白度的影响因素及改善方法是什么？

答：白度经常是工业副产石膏中杂质含量水平的提示。飞灰可能滞留在石膏上，使其带上灰色。虽然有测量白度的定量方法——《建筑料与非金属矿产品白度测方法》（GB/T 5950—2008），但那些石膏中能降低白度的杂质还是能直接测出为好。此外，影响白度但不影响使用潜力的低浓度杂质（如 Fe_2O_3）可能降低材料的白度至规定值以下，但仍可作为墙板材料使用。除非应用于对白度有要求的项目中，否则石膏白度的测量不是必要的。

工业副产石膏对水泥性能的影响有什么要求？

答：根据国家标准《用于水泥中的工业副产石膏》（GB/T 21371—2008），工业副产石膏对水泥性能的影响应符合表 5-2 的规定。

表 5-2　工业副产石膏对水泥性能的影响

试验项目	性能比对指标（与比对水泥相比）
凝结时间	延长时间小于 2h
标准稠度用水量	绝对增加幅度小于 1%
沸煮安定性	结论不变
水泥胶砂流动度	相对降低幅度小于 5%
水泥胶砂抗压强度	3d 降低幅度不大于 5%，28d 降低幅度不大于 5%
钢筋锈蚀	结论不变
水泥与减水剂相容性	初始流动性降低幅度小于 10%，经时损失率绝对增加幅度小于 5%

注：比对水泥是用天然二水石膏制成的，用于评定工业副产石膏对水泥影响程度的空白水泥，比对水泥的制备要求见国家标准《用于水泥中的工业副产石膏》（GB/T 21371）。

工业副产石膏如果处理不当，会造成怎样的环境污染？

答：工业副产石膏如果处置不当，极易污染环境。以磷石膏为例，磷石膏中含有磷酸盐、硫酸盐、氟化物、重金属锰和镉，有些磷石膏中还有镭。如果不按规范堆放或堆场出现问题，磷石膏中的某些物质可溶于水而被排入环境，例如PO_4^{3-}、SO_4^{2-}、F^-及重金属离子等，溶出的水溶液明显呈酸性。当降水时，磷石膏受到雨水的淋溶，有害物质极易溶出，这些淋溶水可能流到农田、湖泊、河流中去，还可能渗到地下，因此土壤、地面水、地下水都会被污染。在长期堆放过程中，磷石膏堆的表面部分由于被日晒而脱水，这样使一些有毒、有害物质被蒸发到空气中，当风速足够大时，细小的磷石膏颗粒还会造成粉尘污染。

脱硫石膏中的亚硫酸钙、过量的氯离子等都会对空气和地下水造成污染。太阳暴晒后，挥发的酸性物质会加重酸雨的威胁；脱硫石膏微粒会造成粉尘污染，直径 10mm 以下的悬浮微粒会影响人的呼吸系统，有些脱硫石膏还有臭味。为此中国科协、中国科学技术咨询服务中心系统工程专家委员会在对我国烟气污染治理情况的调研报告中指出，如果脱硫石膏得不到及时利用将会造成二次污染。氟石膏、柠檬酸石膏、芒硝石膏、硼石膏等与磷石膏一样都属于用硫酸酸解含钙物质而得到的副产石膏。钛石膏是用石灰中和废酸所得，这些副产石膏均会有不同程度残留酸的存在，且都是含水率较高的泥浆，长时间堆放均会有废水渗透，干燥后均会有粉尘污染。

烟气脱硫石膏的特性是什么？其工业应用有哪些？

答：(1) 烟气脱硫石膏的特性

脱硫石膏杂质中最为重要的是氯化物，氯化物主要来源于燃料煤，如含量超过杂质极限值，则石膏产品性能变坏，工业上消除可溶性氯化物的方法是用水洗涤。

脱硫石膏的颗粒很细，平均粒径为 40μm，往往需要进行某种处理，以改善石膏晶体结构，从而消除由于脱硫石膏颗粒过细而带来的流动性和触变性问题。密度对石膏产品性能也有很重要的影响，脱硫石膏的密度取决于烟气脱硫的工艺方法。为了获得质量均一、性能稳定的脱硫石膏，往往把不同时期获得的脱硫石膏进行混合处理。

脱硫石膏的游离水对脱硫石膏的工业生产处理过程影响很大，含水量大的脱硫石膏黏性极大，结团成球，在输送提升设备中，堵料积料，因此游离水极限值应小于 10%。

此外，脱硫石膏的颜色也十分重要，纯白的脱硫石膏可生产出美观的石膏制品。粉煤灰含量大于 1%的脱硫石膏外观颜色明显加深。为了保证石膏制品的质量，在脱硫工艺系统中，电收尘系统和脱硫系统应分开设计，且电收尘系统应保持良好的运转状态。

(2) 烟气脱硫石膏的工业应用

脱硫石膏经过工业处理之后，与天然石膏性能类似，可以应用于水泥缓凝剂、纸面石膏板、纤维石膏板、石膏矿渣板、石膏砌块、石膏空心条板、抹灰石膏、α-高强石膏和自流平石膏等领域。

烟气脱硫石膏基本的技术要求是什么？

答：根据我国建材行业标准《烟气脱硫石膏》（JC/T 2074），按烟气脱硫石膏中二水硫酸钙成分的含量，分为一级品（代号A）、二级品（代号B）、三级品（代号C），三个等级。

烟气脱硫石膏的技术性能应符合表5-3的要求：

表 5-3　烟气脱硫石膏的技术要求

序号	项目	指标		
		一级（A）	二级（B）	三级（C）
1	气味（湿基）	无异味		
2	附着水（湿基）/（%）	≤10.00		≤12.00
3	二水硫酸钙（$CaSO_4 \cdot 2H_2O$）（干基）/（%）	≥95.00	≥90.00	≥85.00
4	半水亚硫酸钙（$CaSO_3 \cdot 1/2H_2O$）（干基）/（%）	≤0.50		
5	水溶性氧化镁（MgO）（干基）/（%）	≤0.10		≤0.20
6	水溶性氧化钠（Na_2O）（干基）/（%）	≤0.06		≤0.08
7	pH值（干基）	5～9		
8	氯离子（干基）/（mg/kg）	≤100	≤200	≤400
9	白度（干基）/（%）	报告测定值		

烟气脱硫石膏有哪些特点？

答：由于脱硫石膏是在脱硫反应塔中经过烟气与浆液逆流传质后再在反应浆液中经过强制氧化得到的，与天然石膏的地质形成作用并不相同，导致脱硫石膏和天然石膏在原始状态、机械性能和化学成分，特别是杂质成分的组成和含量上存在较大的差异，最终导致脱硫石膏和天然石膏经过煅烧后得到的熟石膏粉和石膏制品在水化动力学、凝结特征、物理化学性能等宏观特征上与天然石膏不同。

烟气脱硫石膏有以下特点：

（1）高附着水含量。烟气脱硫石膏大多具有较高的附着水，一般在10%～20%之间，呈湿渣排出（不采用脱水装置的呈浆体排出，水含量可达40%以上）。

（2）粒度分布窄，比表面积小。粒径主要集中于40～60μm，比表面积一般为1000～1500cm^2/g，仅为天然石膏粉比表面积的40%～60%。

（3）高品位。烟气脱硫石膏中二水硫酸钙的含量一般保持在93%～96%（而天然石膏中95%以上的石膏为优质石膏，约占石膏总储量的10%左右）。

（4）脱硫石膏一般所含成分较多，但大多均为无机杂质，对石膏产品性能产生直接影响的物质较少，pH值呈中性或弱酸性，利用相对较为容易。

烟气脱硫石膏粒径分布特征有哪些?

答:一般说来,天然石膏经过粉磨之后,二水石膏相因为表面磨碎而粘结在一起,而脱硫石膏的结晶析出是在溶液中完成的,所以各个晶体是单独存在的,结晶完整均一,所以造成脱硫石膏颗粒分布过窄,级配较差,典型的脱硫石膏与天然石膏的颗粒级配是不相同的,这对于脱硫石膏煅烧成熟石膏粉的影响较大,导致煅烧后的脱硫熟石膏颗粒仍然比较集中,比表面积比天然石膏小,在水化硬化过程中流变性能差,易离析分层,导致制品的容重不均匀,故而一般应在脱硫石膏煅烧后加改性磨,改善比表面积以及提高其他性能。我国脱硫石膏制品的主要问题是尺寸稳定性不佳,目前普遍认为石膏收缩开裂主要是由于脱硫建筑石膏颗粒级配较差引起的。

化学成分对脱硫石膏性能有什么影响?

答:为提高烟气脱硫效率并保证脱硫石膏化学成分的稳定,技术上要求石灰石粉末的CaO含量不小于49%,细度大于400目。脱硫石膏品位与天然石膏相当,甚至优于后者,但由于二者来源不同,杂质状态相差较大。脱硫石膏中以碳酸钙为主要杂质:一部分碳酸钙以石灰右颗粒形态单独存在,这是由于反应过程中部分颗粒未参与反应;另一部分碳酸钙则存在于石膏颗粒中,这是由于碳酸钙与SO_2反应不完全所致。石膏颗粒中心部位为碳酸钙,这与天然石膏中杂质主要以单独形态存在明显不同。在杂质含量相同情况下,脱硫石膏能有效参与水化反应的颗粒数量增多,有效组分高于天然石膏。天然石膏杂质颗粒粗,在水化时不能有效参与反应,对石膏性能有一定影响。

脱硫石膏在应用中会受哪些杂质影响?

答:(1)可燃有机物。烟气脱硫石膏中的可燃有机物主要是未燃烧的煤粉,欧洲脱硫石膏工业标准要求可燃有机物的比率不能超过0.1%,实际含量在0.01%~0.05%之间。因为其电导率高,所以很难从电收尘器中分离出来,最终进入脱硫石膏内。其形状多为多孔、圆形,有时为长形,煤粉颗粒在脱硫石膏中一部分呈现出较大的黑点,所以相对容易用肉眼或放大镜分辨出来。大概有一半的颗粒尺寸小于16μm,另一半颗粒在16~200μm之间。当脱硫石膏煅烧成半水石膏时,煤粉的形态和组成不会因煅烧而变化。当脱硫熟石膏用于纸面石膏板,在铺浆的时候,因为密度的差异较粗的煤粉颗粒将会集中在护面纸和石膏浆的界面处,妨碍石膏和纸的粘结,同时煤粉会影响发泡剂的发泡作用,增加了板的容重。用脱硫石膏作粉刷石膏抹灰,煤粉会富集在抹灰层的表面,影响美观,在抹灰层上刷涂料或贴墙纸时,因为煤粉具有厌水性而使黑斑表面难以黏附,从而影响墙体或顶板的装饰效果。国外对脱硫石膏的外观均有要求,一般要求为白色,欧洲现行标准中要求白度>80%,在电厂燃煤中加入约0.1%的碳酸钙能有效消除脱硫石膏中的煤粉。

(2)Al和Si。氧化铝和氧化硅是影响脱硫石膏工艺性能的第二重要因素。因为它们在脱硫石膏中一般都是比较粗的颗粒，对脱硫石膏最大的影响是易磨性，坚硬的粗颗粒会减少铸造石膏模具的使用次数和寿命。将石膏应用在建筑工业之外，如做纸、粘结剂或塑料的填料，对易磨性要求就更为严格，质硬的粗颗粒会降低加工效率和损耗加工设备，粗颗粒会影响纸或涂料的表面光泽。

（3）Fe。烟气脱硫石膏中的含铁化合物来源于脱硫剂、烟气或脱硫设备。若氧化铁以较粗颗粒存在时会影响脱硫石膏的易磨性，以细颗粒存在时会极大地影响脱硫石膏的颜色。

（4）$CaCO_3$和$MgCO_3$。在脱硫石膏由二水石膏煅烧成半水石膏时，会有一部分的$CaCO_3$和$MgCO_3$转化成CaO和MgO，这些碱性氧化物会使脱硫石膏的pH值升高，但pH值超过8.5时，纸面石膏板中纸和板芯的粘结力就不能得到保证，因此，用于纸面石膏板的脱硫石膏中的碳酸钙和碳酸镁的含量应限制在1.5%以下。

（5）其他杂质。脱硫石膏的氯化物含量一般大于天然石膏，Cl^-含量较高时，易产生锈蚀现象，对脱硫石膏粘结性影响也非常显著。Na^+、K^+对脱硫石膏更有害，试验时，将纸面石膏板在湿度大的条件下放置一段时间后，砌块表面产生“白霜”，经X-射线检测，结果发现是$MgSO_4 \cdot 4H_2O$（镁盐）。Na^+、K^+也可以生成复盐（$CaSO_4 \cdot K_2SO_4 \cdot H_2O$，$Na_2SO_4 \cdot 10H_2O$）影响产品性能，因此对这些杂质都有限量，如欧洲现行标准中MgO<0.1%、Na_2O和K_2O<0.06%，超量时须增设水洗、分级、中和等净化、脱水设施，对脱硫石膏进行净化处理。

（6）微量元素和放射性。脱硫石膏的放射性指标应满足国家标准《建筑材料放射性核素限量》（GB 6566—2010）。国内外绝大多数烟气脱硫石膏中放射性元素的含量远低于公认的极限值。脱硫石膏放射性物质的含量，如镭-226、钍-232、钾-39，这些数值位于天然石膏的下限。

湿式石灰石-石膏法的脱硫工艺流程是什么？

答：工艺流程主要包括烟气系统、吸收系统、吸收剂制备系统、石膏脱水及储存系统等。基本工艺流程：除尘后的烟气经热交换及喷淋冷却后进入吸收塔内，与吸收剂浆液逆流接触，脱除所含的SO_2，净化后的烟气从吸收塔排出，通过除雾和再热升压，最终从烟囱排入大气。吸收塔内生成的含亚硫酸钙的混合浆液用泵送入pH值调节槽，加酸将pH值调至4.5左右，然后送入氧化塔，由加入的约$5kg/cm^2$的压缩空气进行强制氧化，生成的石膏浆液经增稠浓缩、离心分离和皮带脱水后形成脱硫石膏。

石灰石/石灰-石膏湿法烟气脱硫工艺具有哪些优点与缺点？

答：石灰石/石灰-石膏湿法烟气脱硫工艺具有以下优点：

（1）脱硫效率高，可达95%以上；

（2）运行状况最稳定，运行可靠性可达99%；

(3) 对煤种变化的适应性强，既适用于含硫量低于1%的低硫煤，也适用于含硫量高于3%的高硫煤；

(4) 吸收剂资源丰富，价格便宜；

(5) 与干法脱硫工艺相比，所得脱硫石膏品位高，便于处理。

因此，我国标准规定200MW及以上的电厂锅炉建设脱硫装置时，宜优先采用石灰石/石灰-石膏湿法烟气脱硫工艺。但也应该看到它也有以下不足：

(1) 投资较大。

(2) 与干法工艺相比有废水产生。

(3) 与其他工艺相比副产品产量较大，每吸收1t SO_2 产生脱硫石膏2.7t。如果不能及时推广应用脱硫石膏，这些脱硫石膏就会成为新的污染。

(4) 此工艺虽然减少了SO_2的排放但却增加了CO_2的排放，每减少1t SO_2 的排放会增加0.7t CO_2，而CO_2同样是大气的污染物。

石膏煅烧设备对脱硫建筑石膏性能的影响是什么？

答：石膏煅烧设备对脱硫建筑石膏性能影响很大。制备不同用途的脱硫建筑石膏产品，应选用适宜的煅烧设备和工艺。例如，用于制备各种石膏板、砌块等石膏建材制品，宜采用快速煅烧设备，即煅烧物料温度＞180℃，物料在炉内停留几分钟或几秒钟的煅烧方式。这种煅烧方式使二水石膏遭遇热后急速脱水，很快生成半水或无水石膏Ⅲ。由于物料温度较高，无水石膏Ⅲ的比例较大，而Ⅲ型无水石膏是不稳定相。同时，物料在快速煅烧设备中仅停留几分钟或几秒钟的时间，容易产生受热不均的情况，从而得到的建筑石膏中，除含有半水石膏外，还有较高比例的二水石膏Ⅲ型和无水石膏，另还生成有Ⅱ型无水石膏。Ⅱ型无水石膏的的凝结时间较短，适用于生产石膏制品，可提高制品模具的周转率或生产线上制品的产量。生产抹灰石膏、石膏粘结剂、石膏接缝材料等粉体石膏建材，宜选用慢速煅烧设备。用慢速煅烧设备生产的石膏凝结硬化较慢，有利于减少外加剂的掺量，降低生产成本。慢速煅烧指煅烧时物料温度＞160%，物料在炉内停留几十分钟或1h以上的煅烧方式，如连续炒锅、沸腾炉、回转窑等。通过调整炉内温度、物料停留时间等，使煅烧产品质量均一稳定。其煅烧产品中绝大部分为半水石膏、极少量的过烧无水石膏Ⅲ和欠烧二水石膏。

除以上影响因素外，煅烧时间、煅烧温度以及脱硫建筑石膏的陈化效应等，都会影响脱硫建筑石膏的制备。应结合湿法烟气脱硫石膏本身的原材料、脱硫工艺特点，以及废渣处理后的用途，选择煅烧设备、工艺，并通过对以上各影响因素的分析，优化生产工艺，才能物尽其用、变废为宝。

在脱硫石膏煅烧工艺中磨机的布置方法及特点是什么？

答：磨机在石膏煅烧系统中的布置一般有两种方式：一是布置在煅烧炉的出口，经粉磨后进入陈化仓；二是布置在陈化仓后，经粉磨后进入成品库。这两种粉磨方式各有其特点，主要考虑两点：一是经济性，因为磨机电机功率较大，耗电量大，电费有高低谷之分，如果生产能力配套合理，利用低谷时段加工，则可以大大降低成本；二是适用性，经过陈化仓的陈化，石膏的温度接近常温，性能得到改善，在此基础上根据用户要求进行粉磨，得到符合用户要求指标的熟石膏。也可以通过加入各类有机或无机材料进行改性，满足不同用户要求。

煅烧温度对脱硫石膏性能影响有哪些？

答：脱硫石膏细度集中在 40～60μm，颗粒分布集中，主要以单独的棱柱状结晶颗粒存在，通过激光粒度分析可以发现脱硫石膏的颗粒级配较天然石膏差。脱硫石膏与天然石膏有着相近的性质，在抗折、抗压等性能上，脱硫石膏大大优于天然石膏，但是脱硫石膏相比于天然石膏，存在含水量较大，颗粒级配差等缺陷。

脱硫石膏在 140℃的温度煅烧下脱水不够彻底，煅烧温度偏低。分别在 160℃和 180℃温度下煅烧的脱硫石膏已经完全脱水，但是与 170℃下煅烧的脱硫石膏相比，160℃煅烧处理的石膏结晶颗粒比较细小，180℃煅烧处理的石膏水化后出现较多的空洞，170℃煅烧处理的熟石膏结晶粗大、完整，表现出优异的性能。进一步了解 170℃熟石膏的转化过程及结晶形态，在 170℃温度下，分别采用脱硫石膏逐渐升温至 170℃和炉体升温至 180℃后再放入脱硫石膏两种处理工艺。石膏晶体颗粒较为粗大完好。

从不同温度下煅烧处理后脱硫石膏的水化结晶状态可以看出，脱硫石膏水化产物多为不规则晶体，通过三相分析发现，半水石膏含量差不大。但随着煅烧温度的升高，脱硫石膏水化浆体孔洞减少、致密程度有所增加。这是因为随着煅烧温度提高，煅烧后的半水石膏颗粒粒度降低，颗粒变得细小，比表面积增大，与水接触区域多，在半水石膏水化过程中起到晶种的效果，致使水化后二水石膏过饱和溶液的饱和度下降，加快半水石膏的水化反应及凝结速度。

在 190℃煅烧处理的脱硫石膏，由于水膏比变大，在石膏块干燥过程中出现大量气孔，降低了石膏的强度，但由于石膏中存在很多由Ⅲ型无水石膏转化后的半水石膏，对颗粒的粘结和裂纹的愈合起到了良好的作用，因此总体强度变化并不是很大。半水石膏的标准稠度随着煅烧温度的升高而增大。通常情况下，标准稠度越小，水化后石膏的强度也就越高，但是由图 5-1 可以看出，强度随煅烧温度的升高而变大，在 180℃时达到最大，煅烧温度继续升高，强度会稍有降低，但是变化不大。这是因为在较低温度煅烧的试样标准稠度较低，颗粒粒径变化不大，水化后颗粒之间没有较好的级配，因此表现为强度比较低；随着煅烧温度升高，标准稠度明显提高，这是由于较大的脱硫石膏颗粒表面出现剥落，增大了比表面积及水浆比，在石膏水化硬化过程中，因为水含量较多导致出现大量的气孔，严重影响了石膏的强度。

不同温度下煅烧的脱硫石膏在抗折强度方面变化不大，但是在抗压强度方面有明显的变化趋势。仅就凝结时间和标准稠度用水量来说，脱硫石膏在 150℃煅烧效果最好，

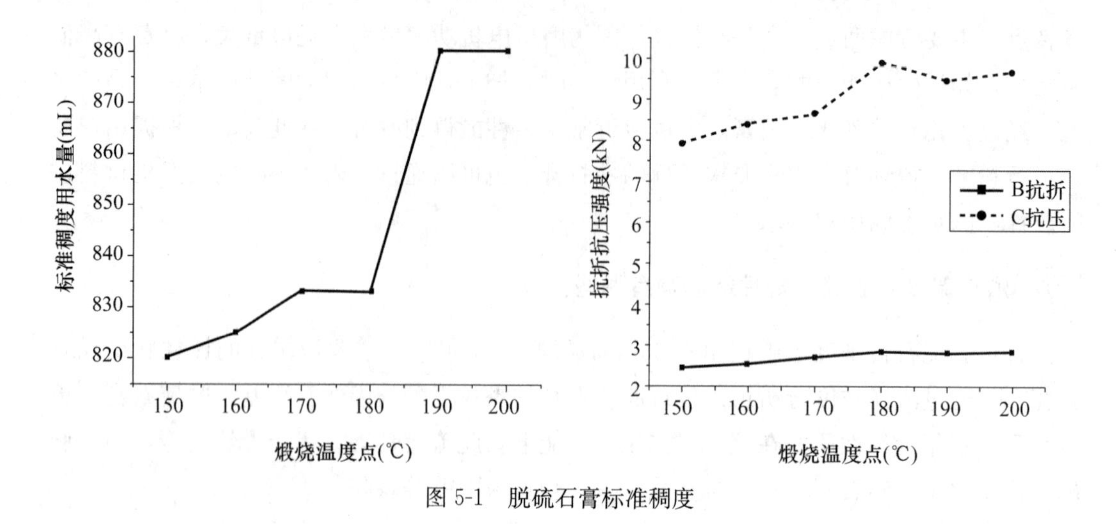

图 5-1　脱硫石膏标准稠度

但正如前面所分析的那样，低于 160℃时，脱硫石膏的脱水处理不够彻底，内部存在较多的二水石膏，半水石膏含量较少。经过脱硫石膏 145℃煅烧处理后，2h 湿强度和干强度都是最低的。经过 170℃煅烧的石膏，无论从颗粒的晶体形貌还是凝结时间、强度上都比较突出，而 180℃煅烧的熟石膏，虽然在强度等方面与 170℃煅烧的产物相差不大，但是考虑到水浆比过大和能源等因素，宜选择在 170℃温度下煅烧处理脱硫石膏。

脱硫石膏煅烧特征是什么？

答：脱硫石膏与天然石膏的脱水过程有明显不同，通过煅烧升温曲线可知，烟气脱硫石膏的脱水温度在 120℃左右。脱硫石膏脱水时前半部分为脱游离水，后半部分主要为脱结晶水，脱水过程的前部分物料温度上升速率较慢，排潮量大，后半部分物料温度上升速率较快，排潮量小。试验表明炒制熟石膏的最佳煅烧温度为 160～180℃，通过陈化后，在这个温度范围内所得建筑石膏强度最高。

低温慢速煅烧脱硫石膏的优点及物相组成是什么？

答：在低温慢速煅烧产品中，大部分为半水石膏，小部分为Ⅲ型无水石膏（可溶性无水石膏），极小部分为Ⅱ型无水石膏（难溶无水石膏Ⅱs）和二水石膏（未脱水的 $CaSO_4 \cdot 2H_2O$）。结晶水含量一般为 4.5%～5.0%，用此方法生产的建筑石膏性能稳定，物化指标均能达到国家质量标准要求。

理想的脱硫石膏煅烧成品物相组成是什么？

答：理想的煅烧成品，应以半水石膏（HH）为主，允许有 5%左右的 AⅢ和 2%左右的 AⅡS 和 2%左右的二水石膏（DH）。如果产品中 AⅢ含量过大，说明煅烧温度过高，俗称过火；如果产品中 DH 含量大于 5%，说明温度过低，俗称欠火；如果产品中 AⅢ、DH 数量都大，说明温度不均匀。

AⅢ相水化活性最强，遇水后能立即水化转变成 HH，初始水化速度极快，形成硬化体时强度较低，是熟石膏中造成性能不稳定的主要因素之一。有较多的 DH 时，容易产生快凝现象。

残余二水石膏含量对建筑石膏性能的影响有哪些？

答：与天然石膏相同，脱硫石膏煅烧后残余的二水石膏在脱硫建筑石膏的水化过程中起到晶核的作用，会促进水化、缩短凝结时间，从而使标准稠度用水量上升，石膏强度大幅降低。通过对脱硫建筑石膏性能进行二水石膏相分析，测得其残余二水石膏含量，其与对应脱硫建筑石膏性能关系见图 5-2、图 5-3 和图 5-4。可见，随着残余二水石膏含量的增加，标准稠度用水量增加，凝结时间变短，抗折和抗压强度均减小。

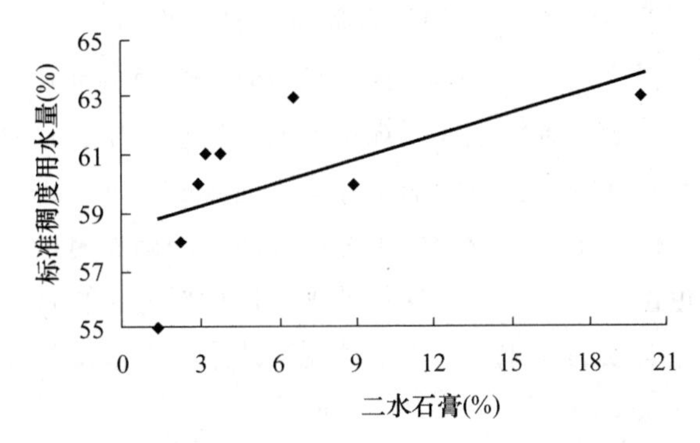

图 5-2　残余二水石膏含量对标准稠度用水量的影响

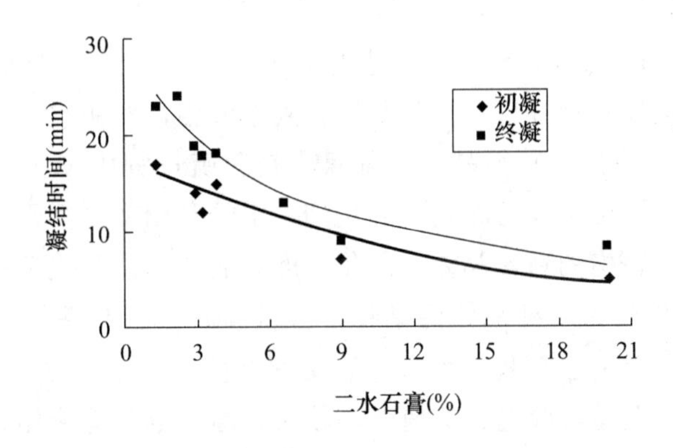

图 5-3　残余二水石膏含量对凝结时间的影响

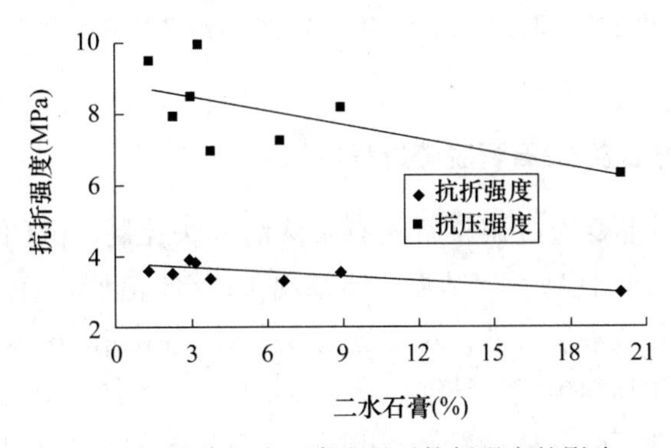

图 5-4　残余二水石膏含量对抗折强度的影响

为进一步分析残余二水石膏含量对脱硫建筑石膏性能的影响，通过掺加缓凝剂，观察脱硫建筑石膏凝结时间的减缓情况来判断两者间的关系，可知：掺加缓凝剂后，当残余二水石膏含量＜4.00％时，脱硫建筑石膏的凝结时间显著延长3～20倍；而当残余二水石膏含量较高时，同等缓凝剂掺量对延长石膏的凝结时间效果并不理想，这将对脱硫建筑石膏的应用产生不利影响。所以在生产石膏建材时，建材石膏残余二水石膏含量最好不超过4.00％。

褐煤衍生的脱硫石膏与硬煤衍生的脱硫石膏有哪些不同点？

答：褐煤衍生的脱硫石膏与硬煤衍生的脱硫石膏外观极不相同，前者的颜色暗得多。褐煤衍生的脱硫石膏除颜色外，均符合质量规范。白度为20％～40％的灰暗色是由于石膏晶体中混入了微细的惰性物质，这些物质是强着色的铁化合物。与硬煤衍生的脱硫石膏相比，铁化合物更多地混杂在褐煤衍生的脱硫石膏中。这是因为，洗涤设备特性使褐煤衍生的脱硫石膏在洗涤室悬浮液中停留了更长的时间。停留时间增加的同时石膏晶体明显长大。现已研究出的溢流净化工艺可以改进脱硫石膏的颜色，即减少脱硫石膏晶体中微细的、有色惰性成分。通过这种处理，惰性成分不再像过去那样重新回到烟气洗涤器中，而是通过有效的稠化剂，以惰性泥浆的形式被清除出系统，这样可显著提高其白度，减少杂质80％以上。

在生产脱硫石膏过程中氧化程度对生产有何影响？

答：在湿法石灰石-石膏烟气脱硫工艺中，石灰石浆液在吸收塔内对烟气进行逆流洗涤，生成半水亚硫酸钙并以小颗粒状转移到浆液中，利用空气将其强制氧化生成二水硫酸钙（$CaSO_4 \cdot 2H_2O$）结晶。强制氧化是脱硫过程中一个重要环节，氧化风量必须要满足脱硫系统要求，分布均匀并达到一定的利用率。否则石膏浆液中亚硫酸盐会超标，无法生成合格的石膏晶体。氧化程度为亚硫酸盐氧化至硫酸盐程度，要求高于98％。亚硫酸根作为一种晶体污染物，含量高时会引起系统结垢并影响建材质量；含量过高甚至还会引起石灰石闭塞，危及系统安全运行。氧化风量在正常的运行条件下不存在问题，但是目前电力负荷变动较大，当发电负荷降低到一定程度时，生产人员从节能的角度考虑，就会减少氧化风机的运行台数，如果控制失当，就会引起氧化不足，石膏中亚硫酸钙和碳酸钙增多，从而造成二水硫酸钙指标下降，及石膏品质不稳定。

为什么要控制好石灰石-石膏脱硫过程中的pH值？

答：pH值的控制主要通过调整石灰石浆液的方法控制。pH值高，有利于脱硫，但不利于石膏晶体发育，且易发生结垢、堵塞现象；pH值低，有利于石膏晶体生长，但是影响脱硫效率，吸收液呈酸性，对设备也有腐蚀。脱硫塔中酸碱环境也会影响石膏的晶体结构。酸性介质趋向生成长纤维针状晶体，比如以$CaCO_3$、CaO和Ca（$OH)_2$为脱硫剂时所得到的脱硫石膏晶体是不完全相同的。脱硫剂的种类主要通过影响脱硫塔中酸碱环境来影响石膏的晶形，而且脱硫剂品种不同，溶解速率也不相同。电厂在脱硫过程中应如何调节 pH 值，既能有良好的石膏晶体，又能保持脱硫系统的正常运行和设备安全，是一个值得探索的课题。

在脱硫过程中，如何控制石膏中 Cl^- 的含量？

答：脱硫石膏中 Cl^- 主要来源于燃煤烟气，以氯化钙形式存在，影响脱硫效率，在运行中 Cl^- 含量一般控制在 20000ppm 以内。在脱硫过程中脱硫石膏 Cl^- 含量控制主要是两个方面：一是浆液塔中 Cl^- 含量的控制，当吸收塔中 Cl^- 含量高时，废水处理系统必须正常投入运行，保证废水排放，以降低吸收塔内 Cl^- 浓度及杂质含量，保证塔内化学反应的正常进行及晶体的生成和长大；二是脱水时的控制，浆液中的 Cl^- 含量一般都在 10000ppm 左右，工艺水中 Cl^- 含量也达到 130ppm 以上，要保证石膏中 Cl^- 含量在 100ppm 以下，一是要求工艺水 Cl^- 含量低，二是通过工艺水冲洗来降低 Cl^- 含量，一般经过二道冲洗水即达到要求。有些新上脱硫系统的电厂，对此认识不足，为节电节水，减少或者未投入冲洗水，导致石膏中 Cl^- 含量大量超标，引起脱硫石膏品质严重劣化。

脱硫石膏中氯离子的含量对脱硫建筑石膏的影响是什么？

答：脱硫石膏中氯离子主要来自烟气中的 HCl 和脱硫系统循环利用的工艺水。附着水含量与氯离子含量变化具有一定的相关性，即氯离子含量较高的，通常脱硫石膏的附着水含量会增加。

氯离子对附着水含量的影响可以概括为以下几个方面：

（1）在脱硫石膏晶体内部，氯离子和钙离子结合生成稳定的带有 4 个结晶水的氯化钙，把一定量的水留在了石膏晶体内部，造成石膏含水率增大。

（2）在脱硫石膏晶体之间，残留的氯离子与钙离子形成氯化钙，堵塞游离水在晶体之间的通道，使石膏脱水变得困难。

（3）氯化钙的吸湿性极强，不论是在脱硫石膏晶体内部还是在脱硫石膏晶体间隙，都会使脱硫石膏不易干燥，附着水含量较高。

氯离子对脱硫系统和脱硫石膏综合利用主要的影响有：

（1）由于氯离子会与钙离子结合形成 $CaCl_2$ 或 $CaCl_2$ 的结晶水合物，吸湿性很强，造成脱硫石膏的附着水含量高，另外对于石膏砌块和石膏板的干燥非常不利，使能耗增大。

（2）氯离子具有腐蚀性，吸收塔的内衬一般为合金钢，管道一般为塑料或玻璃钢，氯离子含量较高会影响脱硫系统的安全性和耐久性。脱硫石膏应用在水泥中应该预防氯离子对钢筋产生的锈蚀。

脱硫石膏氧化镁和氯离子之间是怎样有机联系的？

答：在实际运行中附着水含量是十分重要的控制参数，可以表征脱硫系统能否正常运行以及脱硫石膏品质的高低。脱硫石膏的附着水主要由氯离子和颗粒粒度分布决定，在脱硫石膏的可溶性氧化镁、氧化钠的含量与氯离子（附着水）含量之间存在紧密的联系，可溶性氧化镁、氧化钠会引起脱硫石膏制品起粉、泛霜。

（1）可溶性氧化镁和氯离子含量的关系（图 5-5）

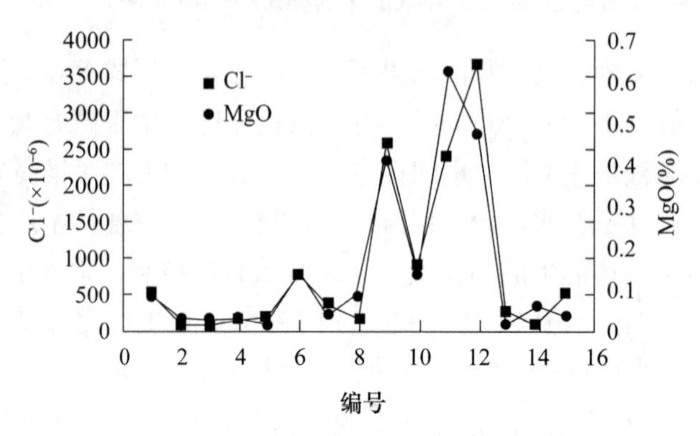

图 5-5　可溶性氧化镁和氯离子含量的关系

由图 5-5 可见，可溶性氧化镁和氯离子含量呈明显的相关性，氯离子含量较高，可溶性氧化镁含量也较高，两者含量的变化趋势基本一致。氯离子和可溶性氧化镁来源并不相同，当电厂的水洗设备没有开启或者运行不正常的时候，会同时使得氯离子和可溶性氧化镁的含量增加。所以，对于氯离子而言，水洗工艺的正常运行尤为重要；对于可溶性氧化镁和可溶性氧化钠而言，除了控制脱硫剂石灰石的品质外，同样需要电厂水洗工艺的正常运行，而且水洗工艺控制更为重要。

（2）可溶性氧化镁和可溶性氧化钠含量的关系（图 5-6）

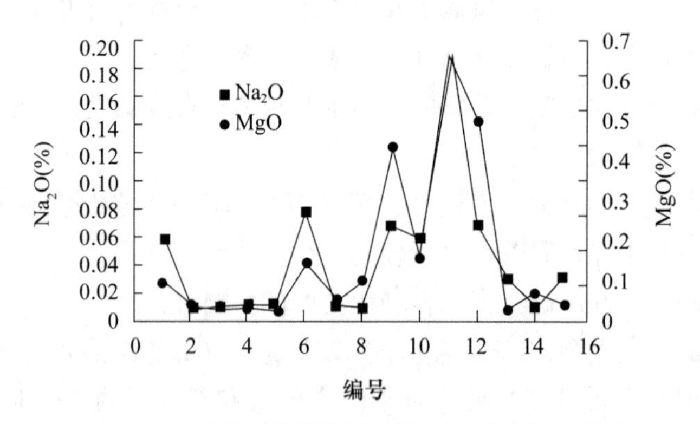

图 5-6　可溶性氧化镁和可溶性氧化钠含量的关系

由图 5-6 可见，可溶性氧化镁和氧化钠的含量呈较好的相关性，即可溶性氧化镁含量较高的样品可溶性氧化钠的含量也较高。严格来说，可溶性氧化镁和氧化钠的含量与脱硫剂石灰石的品质以及电厂水洗工艺和真空皮带机的运行有关，但是如果水洗工艺不能正常运行，那么其中可溶性氧化镁和氧化钠含量都会比较高。所以，电厂只要严格控制水洗工艺和真空皮带机的运行，就可以将可溶性氧化镁和氧化钠的含量控制在较低的水平。

以细分散氧化物形式存在的铁对脱硫石膏颜色有什么影响?

答：以细分散氧化物形式存在的铁是胶状的，胶质氧化铁是非磁性的，对脱硫石膏的颜色影响很大，尤其是从褐煤产生的脱硫石膏。以氧化铁为基础可得到各种各样的颜料，脱硫石膏的颜色对其在建筑上的所有应用有很大影响，因此要特别注意。颜色是一重要的质量特征，在石膏工业的质量要求中具有一定规定。研究表明，吸收剂的种类即碳酸钙或氧化钙对脱硫石膏的白度有影响，通常用氧化钙得到的脱硫石膏比用碳酸钙得到的脱硫石膏白。

烟气脱硫石膏的基本性能有哪些?

答：(1) 从石膏晶体来看，天然石膏细粒较多，粗细颗粒差别明显，晶型呈板状，晶体粗大，不规则；脱硫石膏颗粒比较均齐，晶体呈六棱短柱状，长径比较小，外观较为规整。

(2) 从粒级分配来看，天然石膏颗粒粒径大小相差较大，不同粒径的粒子在石膏颗粒中均占有一定比例；而脱硫石膏颗粒大小比较均齐，大颗粒（大于 1401μm）和小颗粒（小于 10μm）均较少，80%的颗粒均集中在 40～80μm。

(3) 从化学组成来看，脱硫石膏的纯度高于天然石膏，二水硫酸钙含量达到 90%以上，但其杂质组成较为复杂，这与其产生的工艺条件有很大关系。如脱硫石膏可溶性盐和氯离子含量高于天然石膏，是导致脱硫石膏制品出泛霜、粘结力下降等性能问题的主要原因之一。

影响脱硫石膏品质的主要因素是什么?

答：石膏浆液的品质直接影响到最终石膏的质量。影响脱硫石膏品质的主要因素如下：

(1) 石灰石品质

石灰石品质的好坏直接影响到脱硫效率和石膏浆液中硫酸盐和亚硫酸盐的含量。石灰石品质主要指石灰石的化学成分、粒径、表面积、活性等。脱硫系统一般要求 $CaCO_3$ 高于 90%。石灰石中含有的少量 $MgCO_3$ 通常以溶解形式或白云石形式存在，吸收塔中的白云石往往不溶解，而是随副产物离开系统，所以 $MgCO_3$ 的含量越高，石灰石的活性越低，系统的脱硫性能及石膏品质越不好。石灰石粒径及表面积是影响脱硫性能的重要因素。颗粒越大，其表面积越小，越难溶解，使得接触反应不彻底，此时吸收反应需在低 pH 值情况下进行，而这又损害了脱硫性能及石膏浆液品质。

(2) 浆液 pH 值

脱硫塔内的浆液 pH 值对石膏的生成、石灰石的溶解和亚硫酸钙的氧化都有着不同的影响。通过和现场运行参数比较，一般认为 pH 值控制在 5.5～6.0 效果比较好。

(3) 石膏排出时间

石膏排出时间指吸收塔氧化池浆液最大容积与单位时间排出石膏量之比。晶体形成空间、浆液在吸收塔形成晶体及停留总时间取决于浆池容积与石膏排出时间。浆池容积大，石膏排出时间长，亚硫酸盐更易氧化，利于晶体长大。但若石膏排出时间过长，则会造成循环泵对已有晶体的破坏。

（4）氧化风量及其利用率

氧化风量对石膏浆液的氧化效果影响较大。应保证足够的氧化风量，使浆液中的亚硫酸钙氧化成硫酸钙，否则石膏中的亚硫酸钙含量过高将会影响其品质。同时，脱硫塔中氧化空气管道分布和开孔的多少也会影响氧化风的使用率。

（5）杂质

当石膏中杂质含量增加时，其脱水性能下降。当氯离子含量过高时，石膏脱水性能急剧下降。

将脱硫石膏制成熟石膏的工艺过程中，工艺控制点有几个？

答：将脱硫石膏制成熟石膏的工艺过程中，若从以下几点进行控制，将大大提高熟石膏的品质。

（1）脱硫石膏煅烧 β 建筑石膏后，用粉磨机对其进行粉磨，将降低 β 建筑石膏的标准稠度，延长凝固时间，提高强度。

（2）脱硫石膏制备 α 建筑石膏时，脱硫石膏粒径应在 3～15mm 之间，压力控制在 2.5～4.0 个大气压之间，蒸压时间为 5～7h。转晶剂的加入有利于 α 石膏晶体由棒状向短柱状转变，从而降低标准稠度达到提高强度的目的。

脱硫石膏与天然石膏颗粒特征的区别有哪些？

答：脱硫石膏是潮湿的粉状，其颗粒性质与天然石膏经粉碎后的颗粒性质有以下主要区别：

（1）颗粒形状

天然石膏经粉碎后为不规则颗粒，而脱硫石膏由于是结晶体，颗粒为规则的柱状、纤维状、薄片状或六角板状等。

（2）颗粒级配不同

图 5-7 为脱硫石膏和天然石膏的颗粒分布曲线。

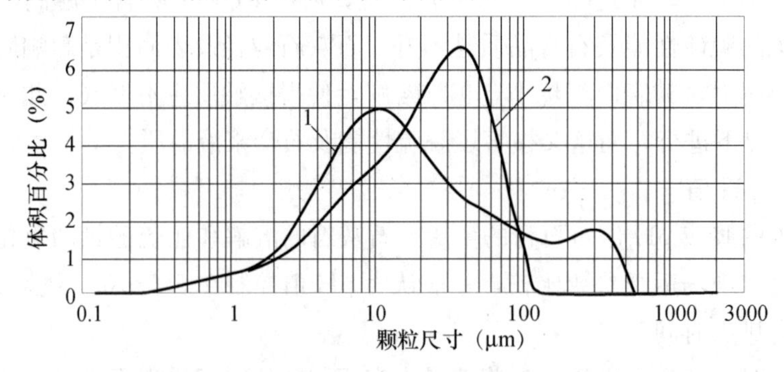

图 5-7　脱硫石膏和天然石膏的颗粒分布曲线

1—天然石膏；2—脱硫石膏

（3）在微观结构下可以看到，天然石膏粉磨后粗颗粒多为杂质，而脱硫石膏则相反，粗颗粒多为石膏，细颗粒多为杂质。

颗粒粒度分布对脱硫石膏附着水含量有什么影响？

答：烟气脱硫石膏的附着水含量与颗粒粒径分布之间存在着紧密的联系。颗粒分布范围越宽泛，晶体大小、形状越多样化，“脱水通道”被堵塞或者截断，越不利于脱水；相反，晶体的大小、形状均一性好，则在真空皮带机上留出的“脱水通道”就越多，越利于脱水。

脱硫石膏颗粒级配不好对其用于生产建筑石膏有哪些影响？

答：天然石膏经过粉碎后，颗粒级配较好，粗、细颗粒均有。而未粉碎的脱硫石膏颗粒级配不好，颗粒分布比较集中，没有细粉，比表面积小，其勃氏比表面积只有天然石膏粉磨后的40%～60%，在煅烧后，颗粒分布特征没有改变，导致石膏粉加水后的流变性差，颗粒离析，分层现象严重，容重大。因此用于生产建筑石膏的脱硫石膏应该进行改性粉磨，增加细颗粒比率，提高比表面积。

脱硫建筑石膏用于生产纸面石膏板时为什么要进行再次粉磨？

答：未磨的脱硫建筑石膏和水结合时有沉降趋势，这样会导致纸面石膏板表面硬度的差异以及护面纸和石膏芯的粘结不好。如用这种石膏作纸面石膏板，一方面难以控制干粉的流动、运输、喂料性能，另一方面由于泌水和分层现象，会导致板面强度、和易性和饱水性差，难以操作。因此，脱硫石膏煅烧后应先进行粉磨再使用。

经过煅烧后的脱硫石膏在热力分解作用下比脱硫石膏原料变得更细，但是粒度分布的均匀度并没有改变，级配的不合理照样存在。为了改善β建筑石膏的颗粒级配及和易性，必须进行粉磨的改性：

（1）建筑脱硫石膏未经粉磨直接用来生产石膏制品，给生产工艺控制带来诸多不便，尤其是对规模较大的纸面石膏板生产线，凝结时间、水膏比不稳定，泌水、和易性差将会产生粘结不好、能耗高、生产不稳定、工艺质量等问题，影响比较大。

（2）通过增加粉磨工序和装置，脱硫石膏的粒径分布、比表面积都可得到改善，达到天然石膏的效果。

为什么要控制好脱硫石膏的细度？

答：脱硫建筑石膏并非粉料越细越好，因为在一定范围内制品的强度随细度的提高而提高，但是超过一定值后，强度反而会下降或出现开裂现象。这是因为颗粒越细越容易溶解，饱和度也越大，过饱和度增长超过一定程度后，石膏硬化体就会产生较大的结晶应力，破坏硬化体的结构。在不利条件下，可能会出现产品开裂现象。

粉磨前后的脱硫建筑石膏与天然石膏有什么不同?

答：未粉磨的脱硫建筑石膏粉与天然建筑石膏的溶解过程不同。用天然建筑石膏制备石膏净浆时，当石膏粉倒入水中时，石膏马上均匀地、逐步地被水浸润，并有微小的气泡产生，静止后，石膏粉完全被浸润，膏浆上面没有游离水层，易搅拌；而用未粉磨的脱硫建筑石膏粉制备石膏浆时，石膏粉倒入水中一下子就沉到水底，没出现逐步被浸润现象，静止后，通过搅拌，石膏粉和水才能混合，而且搅拌有受阻的感觉。

经过改性粉磨的脱硫石膏与天然石膏粒径分布特征有哪些不同?

答：(1) 烟气脱硫石膏的比表面积为 200～350m^2/kg，若要用于建筑石膏粉一般要经过改性粉磨过程。脱硫石膏的细端颗粒集中在 10～20μm，平均粒径集中在 25～45μm，粗端粒径为 60～90μm。改性粉磨改变了脱硫石膏的颗粒粒径相对集中的情况，增加了细小颗粒的数量。

(2) 脱硫建筑石膏经过改性磨后比表面积可增大 5 倍左右，但是仍然比天然石膏小 10%左右，粒径分布方面，脱硫建筑石膏的细端颗粒几乎与天然建筑石膏相同，粗端颗粒相差很大。

粉磨时间对脱硫石膏比表面积的影响是什么?

答：比表面积在一定程度上反映了脱硫石膏水化时与水的接触面积，因此比表面积的变化可能带来水化性能的改变。表 5-4 为粉磨时间对脱硫石膏比表面积及标准稠度、凝结时间的影响。

表 5-4　粉磨时间对脱硫石膏比表面积及水化性能的影响

粉磨时间/min	比表面积/(cm^2/g)	标准稠度/% (料浆扩散直径/mm)	初凝时间/s	终凝时间/s
0	2044	68 (180)	142	381
3.5	4049	68 (182)	160	455
5.0	6812	68 (179)	214	442
10.0	9584	73 (182)	105	202

从表 5-4 中可以看出，脱硫石膏的比表面积随粉磨时间的增加而增大；在一定时间范围内，粉磨时间对标准稠度和凝结时间的影响并不明显，但当比表面积过大时（粉磨时间 10min)，标准稠度明显增加，而凝结时间大大缩短。可见，粉磨时间过长不利于制品的生产。

脱硫石膏粉磨前后的颗粒分布及物理性能有什么变化?

答：脱硫石膏中以碳酸钙为主要杂质，一部分碳酸钙以石灰石颗粒形态单独存在，这是由于反应过程中部分颗粒未参与反应。另一部分碳酸钙颗粒存在于石膏颗粒当中，这与天然石膏中杂质主要以单独形态存在明显不同。杂质与石膏之间的易磨性相差较大，天然石膏石经过粉磨后的粗颗粒多为杂质，而脱硫石膏因为形成过程与天然石膏完全不同，颗粒粗的多为脱硫石膏，而细颗粒为杂质，特征与天然石膏正好相反。

煅烧后的脱硫石膏粉其晶体形态类似于二水脱硫石膏，只是颗粒尺寸变小，颗粒分布特征没有改变，级配依然不是很好，颗粒表面积较天然熟石膏粉小得多。因此导致脱硫熟石膏加水后的流变性能不好，颗粒离析、分层现象严重，制品容重偏大。

未粉磨脱硫石膏触变性明显。在测定凝结时间时，无论是用维卡仪或是压痕法，逐步硬化过程不明显，而是瞬间就达到初凝和终凝，二者间隔只有 2～3min。操作人员稍不注意就超过时间，触变性明显，不易控制。

泌水明显。将配制好的石膏浆倒在一块玻璃板上，制成石膏圆饼，在未硬化前，石膏圆饼上面有一层水膜，硬化后才可消失，而且还须等数分钟才可拿起。天然石膏没有此种现象。

脱硫石膏经过粉磨后，料浆的工作性和流变性能有明显改善。当脱硫石膏磨得很细时，标准稠度用水量明显增加，凝结时间大大缩短。从粉磨不同时间的脱硫石膏的水化放热速率曲线中进一步了解粉磨对脱硫石膏水化的影响，与未磨的脱硫石膏相比，粉磨 3.5min 和 5min 的脱硫石膏水化有所延缓，而粉磨 5min 脱硫石膏的水化反而比粉磨 3.5min 脱硫石膏水化快。水化速度过快不利于生产应用，因此选择合适的粉磨时间非常重要。

脱硫石膏由于细度细（可达 180～250 目），而大多建筑石膏产品的应用细度也仅为 120 目，因此对脱硫石膏的粉磨工序一直存在争议。脱硫石膏由于化学合成，合成前的主要原料——碳酸钙细度为 200 目左右，合成后形成的石膏颗粒经粒度分析，其粒度一般在 30～80μm，相对比较集中，因此煅烧后的产品不能形成有利的颗粒级配，对后续应用效果产生很大的影响，具体试验见表 5-5。

表 5-5 脱硫石膏细度的影响

序号	粉磨状况描述	浆体效果描述	凝结时间		强度（MPa）
			初凝时间	终凝时间	
A	不粉磨	浆体保持 1 分 40 秒后迅速变化，至初凝无水料分离	4	5 分 30 秒	3.2
	粉磨	浆体保持 1 分 10 秒后迅速变化，至初凝无水料分离	3 分 40 秒	5 分 10 秒	4.35
B	不粉磨	浆体保持 2 分 30 秒后开始变化，至 5 分钟时有轻微的水料分离现象，但很快消失	7	9	2.95
	粉磨	浆体保持 2 分钟后开始变化，至初凝无水料分离现象	7	9	3.8
C	不粉磨	浆体保持 4 分 30 秒后开始变化，至 5 分钟时逐步出现较为严重的水料分离现象	10	14	2.6
	粉磨	浆体保持 4 分 30 秒后开始变化，至初凝无水料分离现象	10	13	3.45

由表4-8中试验数据可以看出，利用脱硫石膏生产的各类产品，可以根据产品的种类和用途决定是否采用粉磨设备，但不论何种产品，粉磨均有利于产品的应用。

脱硫石膏附着水高的原因是什么？

答：(1) 影响烟气脱硫石膏附着水含量的主要原因有氯离子含量和颗粒粒度分布。如果氯离子含量较高，颗粒粒度分布宽泛，那么脱硫石膏的附着水含量势必会较高；当脱硫石膏颗粒粒度分布特征相近时，氯离子含量高的样品附着水含量较高，同时氯离子含量和颗粒粒度分布这2个参数相互影响，不能断定哪个参数是影响附着水的关键因素。

(2) 脱硫石膏中半水亚硫酸钙与附着水含量没有明显的相关性。

(3) 脱硫石膏中可溶性氧化镁与氯离子含量、可溶性氧化钠之间存在明显的相关性，即可溶性氧化镁含量较高的样品，其中氯离子和可溶性氧化钠的含量也较高。氯离子、可溶性氧化镁、可溶性氧化钠的含量与电厂真空皮带脱水、水洗环节密切相关。

如何使烟气脱硫石膏的附着水长期控制在10%以下？

答：要想使脱硫石膏附着水长期控制在10%以下，就必须坚持做到以下几点：

(1) 尽量减少杂质对石膏结晶以及脱水的影响，包括：

① 保证电除尘正常投用，提高电场的参数，控制烟气中的含尘量在145mg/m^{3}以下。

② 提高石灰石的品质，保证石灰石中$CaCO_3$的含量大于93%。

③ 废水系统要正常投用，保持整个系统中的杂质及石膏中的杂质不超标。

(2) 降低煤种的含硫量，最好将煤种的硫分控制在0.8%以下，保证$CaSO_3 \cdot 1/2H_2O$能够充分氧化生成石膏以及石膏晶体能够正常结晶。

(3) 加强脱硫设备的维护管理，保证pH计及密度计的准确性，保证真空皮带机运行正常，运行人员根据运行工况将各项参数控制在最佳范围，提高吸收塔浆液的质量，使石膏的生成及结晶能够顺利进行。

(4) 加强脱硫化学监测分析表单的管理，建立监测数据与运行操作的紧密联系，使监测数据真正起到监测、监督、指导运行的作用。

影响脱硫石膏含水率的主要因素是什么？

答：(1) 石膏浆液中杂质过多。杂质主要指飞灰以及石灰石中带来的杂质等，一方面这些杂质干扰了吸收塔内化学反应的正常进行，影响了石膏的结晶和大颗粒石膏晶体的生成；另一方面这些杂质夹在石膏晶体之间，堵塞了游离水在石膏晶体之间的通道，使石膏脱水变得困难。

(2) 石膏浆液中$CaCO_3$或$CaSO_3 \cdot 1/2H_2O$过多。这是吸收塔内pH值控制不好以及氧化不充分所致。若pH值过高，则石膏中的$CaCO_3$就会增加，一方面导致浆液品质恶化脱水困难，另一方面又不经济。如果生成的$CaSO_3 \cdot 1/2H_2O$得不到充分的氧化，

会导致石膏中 $CaSO_3 \cdot 1/2H_2O$ 含量过高，脱水困难。

(3) 废水系统不能正常投用，系统中杂质无法排出。脱硫系统中排出的废水取自废水旋流器的溢流，主要为飞灰、石灰石中带来的杂质以及未溶的石灰石。由于这些杂质大多质量相对较轻，当石膏浆液流到皮带机滤布上时，较轻的杂质漂浮在浆液的上部，并且颗粒较石膏颗粒细且黏性大，因此石膏饼表面常被一层呈深褐色物质覆盖，这层物质手感很黏，且很快会析出水分。如果废水系统不能正常投用，系统中杂质就会累积，导致石膏脱水越来越困难。

(4) 石膏浆液过饱和度控制不好，导致结晶颗粒过细或出现针状及层状晶体。

(5) 煤种硫分偏高导致烟气脱硫装置进口烟气中含硫量超标。如果进口烟气中 SO_2 的含量严重超标，会带来两个方面负面影响：一方面导致 $CaSO_3 \cdot 1/2H_2O$ 氧化不充分；另一方面也导致石膏晶体结晶的时间过短，不能生成大颗粒的石膏晶体，从而脱水困难。

(6) 吸收塔浆液的含固量达不到要求，则直接导致石膏旋流器底流出来的石膏浆液含固量偏低，影响脱水效果。

(7) 如果真空泵及皮带机的管道漏真空、气液分离罐到真空泵的管道结垢堵塞，那么真空泵的抽吸能力就会减弱，就不能将皮带机上石膏滤饼中的游离水吸出，导致石膏含水率超标。另外滤布孔径过小则可能被杂质堵住，也会影响脱水效果。

如何提高脱硫熟石膏的白度？

答：第一种方法为提高脱硫剂的白度，即提高石灰石粉的白度达到85度以上，这在部分有这种资源的地区可行，从目前的情况看，即使有这种资源的地区要实现这一目标也有一定难度，原因为：电厂的目标是脱硫，达到脱硫要求前提下的石灰石采购价格最低；各地电厂容量不一，除尘效益不同，工艺水纯度不同，即使有高白度的石灰粉，如果在脱硫环节中混入粉煤灰，或者水质混浊，还是不能保证石膏的白度。

第二种方法为采用外加剂，通过加入增白等改性剂，经过一定的工艺条件，使脱硫熟石膏达到增白、增强等效果，接近高档天然熟石膏的白度和功能。

脱硫熟石膏为何不能用作注浆模具？

答：注浆模具石膏的吸水率标准是38%～48%，而脱硫熟石膏的吸水率一般低于30%，有些企业的产品通过粉磨及改性也只能达到35%～36%。这是脱硫熟石膏不能用于模具石膏的主要原因。脱硫熟石膏吸水率低，是由于脱硫熟石膏水化后石膏晶体为短柱状，晶体结构紧密，硬化体有较高的表面硬度。

烟气脱硫石膏与天然石膏的物理化学特征的不同主要表现在哪几方面？

答：脱硫石膏作为石膏的一种，主要成分和天然石膏一样，都是二水硫酸钙($CaSO_4 \cdot 2H_2O$)。脱硫石膏物理、化学特征和天然石膏具有共同的规律，二者经过煅烧后得到的熟石膏粉和石膏制品在水化动力学、凝结特性、物理性能上也无显著的差别。但烟气脱硫石膏作为一种工业副产石膏，和天然石膏有一定的差异，主要表现在原始状态、机械性能和化学成分特别是杂质成分，导致其脱水特征、易磨性及煅烧后的熟石膏粉在力学性能、流变性能等宏观特征上与天然石膏有所不同，主要表现为：

（1）从石膏晶体来看，天然石膏细粒较多，粗细颗粒差别明显，晶型呈板状，晶体粗大，不规则；脱硫石膏颗粒比较均齐，晶体呈六棱短柱状，长径比较小，外观较为规整。

（2）从粒级分配来看，天然石膏颗粒大小粒度相差较大，不同粒径的粒子在石膏颗粒中均占有一定比率；而脱硫石膏颗粒大小比较均齐，大颗粒（大于140μm）和小颗粒（小于10μm）均较少，80%的颗粒均集中在40～80μm。

（3）从化学组成来看，脱硫石膏的纯度高于天然石膏，二水硫酸钙含量达到90%以上，但其杂质组成较为复杂，这与其产生的工艺条件有很大关系，如其可溶性盐和氯离子含量高于天然石膏，是导致脱硫建筑石膏制品易出现泛霜，粘结力下降等问题的主要原因之一。

脱硫石膏作为水泥调凝剂制备的水泥性能有什么影响？

答：用含有脱硫石膏作为水泥调凝剂水泥配制的混凝土的凝结时间较天然石膏略长，新拌混凝土的和易性较好，硬化混凝土的力学性能较好，收缩值略低。用脱硫石膏调凝剂水泥与用天然石膏调凝剂水泥配制的混凝土的抗冻、碳化、抗渗、电通量、氯离子扩散系数等耐久性技术性能基本一致。

用于生产纸面石膏板的脱硫石膏的质量应符合哪些要求？

答：脱硫石膏用于生产纸面石膏板时，必须对其质量进行严格控制。杂质总量应控制在10%以内，其中碳酸镁含量≤2%，硫酸镁含量≤1.5%。否则将产生纸面石膏板边开裂和不粘纸等现象。

亚硫酸钙型脱硫石膏的应用？

（1）半干法脱硫产生的亚硫酸钙型脱硫石膏的主要矿物成分为$CaSO_3$，氧化转化后按$CaSO_4$量计算，含量达85%，纯度比较高。另外，Na_2O、K_2O和Cl^-等有害成分的量比较低，仅为0.54%。

（2）亚硫酸钙经焙烧氧化可以形成Ⅱ型无水石膏，Ⅱ型无水石膏经强度激发、凝结时间和保水性能改性处理之后可以制作高性能的抹灰石膏。

（3）项目产品凝结时间的改性调节依据施工要求，不仅保证有足够长的可操作时间，而且将初终凝时间差拉长至60min左右，以便完成抹灰后进行二次压光或刨光打平操作。

（4）Ⅱ型无水石膏水化后具有高强度的优势，抗压强度大于14MPa，抗折强度大于5.5MPa，粘结强度大于1.2MPa，因此，配料中无须添加粘结剂和增强剂等，适宜室内抹灰使用。

烟气脱硫石膏中水溶性氧化镁和氧化钠含量如何测定?

答:(1)储备溶液 W 的配制

在 500mL 烧杯中量取约 400mL 已煮沸的水，称取约 50g 烟气脱硫石膏试样（m_1），精确到 0.1mg，加入水中，随后将此悬浊液置于磁力搅拌器上，加热至 40～50℃，搅拌 10min 后，用双层滤纸过滤，滤液滤至 500mL（V_1）容量瓶中，沉淀物与烧杯用 40～50℃水洗涤，冷却至室温后，定容，制得储备溶液 W。

（2）水溶性氧化镁含量的测定

① 分析步骤

稀释镁标准溶液得到浓度分别为 0.1mg/L、0.2mg/L、0.3mg/L、0.4mg/L 和 0.5mg/L 的镁校正溶液。在每个体积为 100mL（V_2）的校正溶液中加入 5mL 氧化镧溶液，待用。量取 100mL 水，加 5mL 氧化镧溶液，作为溶度为 0.01mg/L 镁的空白溶液。

移取一定体积的储存溶液 W（V_3，如 10mL）至 100mL 的容量瓶中，加入 5mL 氧化镧溶液，标定至刻度（作为测试溶液），此溶液中镁的含量与校正溶液中镁的含量相近。依照操作说明用原子吸收光谱测定校正溶液和测试溶液（测试波长为 285.2nm），获得测试溶液镁的浓度 β，单位为 mg/L。

② 结果表示

烟气脱硫石膏中的水溶性氧化镁含量按下式进行计算：

$$X_2=\frac{\beta\times V_2\times V_1}{V_3\times m_1}\times f_1\times 100$$

式中 X_2——水溶性氧化镁的含量的数值，(%)；

β——测试溶液中镁的浓度的数值，(mg/L)；

V_1——储备溶液 W 配制中试样滤液的稀释体积的数值，(L)（$V_1=0.5$）；

V_2——配制校正溶液时稀释镁标准溶液的体积的数值，(mL)（$V_2=100$）；

V_3——所用储备溶液 W 的体积的数值，(mL)；

m_1——储存溶液 W 中试样质量的数值，(mg)（$m_1=50000$）；

f_1——计算校正因子（Mg→MgO，$f_1=1.658$）。

计算结果精确至 0.01%。

（3）水溶性氧化钠含量的测定

① 分析步骤

稀释标准溶液得到浓度分别为 0.1mg/L、0.3mg/L、0.5mg/L 和 1.0mg/L 的钠校正溶液。在每个体积为 100mL（V_4）的校正溶液中加入 10mL 氯化铯溶液，待用。量取 100mL 水，加入 10mL 氯化铯溶液制得含 0.01mg/L 钠的空白溶液。

移取一定体积的储存溶液 W（V_5，如 50mL）至 100mL 的容量瓶中，加入 10mL 氯化铯溶液，标定至刻度，该溶液中钠含量与校正溶液中钠含量相近，作为测试溶液待用。依照操作说明用原子吸收光谱测定校正溶液和测试溶液（测试波长为 589nm）获得测试溶液的浓度为钠的浓度，记为 ω，单位为 mg/L。

② 结果表示

烟气脱硫石膏中的水溶性氧化钠含量按下式进行计算：

$$X_3=\frac{\omega\times V_4\times V_1}{V_5\times m_1}\times f_2\times 10^6$$

式中 X_3——水溶性氧化钠的含量的数值，(%)；

ω——测试溶液中钠的浓度的数值，(mg/L)；

V_1——储备溶液 W 配制中试样滤液的稀释体积的数值，(L)（$V_1=0.5$）；

V_4——配制校正溶液时稀释钠标准溶液的体积的数值，(mL)（$V_4=100$）；

V_5——所用储备溶液 W 的体积的数值，(mL)；

m_1——储存溶液 W 中试样质量的数值，(mg)（$m_1=50000$）；

f_2——计算校正因子（$Na\rightarrow Na_2O$，$f_2=1.348$）。

计算结果精确至 0.01%。

烟气脱硫石膏中氯离子的含量如何测定？

答：烟气脱硫石膏中氯离子含量的测定如下：

① 分析步骤

称量约 20g 试样（m_2），精确到 0.0001g，移入 400mL 烧杯中，加入 150mL 水，加热搅拌 1h（用表面皿覆盖烧杯口，并控制加热温度在 80～100℃）。加热中可间隔搅拌，用带有中速滤纸的布氏漏斗抽滤，所得过滤残余物用 4 份 20mL 热蒸馏水进行洗涤。

加入两滴酚酞到滤液中，如果滤液颜色没有变为粉红色，加入 0.1mol/L 氢氧化钠溶液使滤液显示为弱粉红色，随后滴加 0.1mol/L 硝酸溶液直至粉红色刚好消失。将滤液转入 250mL 长颈瓶中，冷却至室温，定容。取适量转入 400mL 烧杯中，稀释至 100～250mL，加入 0.5mL（约 10 滴）铬酸钾指示剂，用 0.05mol/L 硝酸银溶液滴定，直至出现弱的橘黄色为止。

取 100～250mL 与试样溶液相同体积的水按上述步骤滴定作为空白试验。

② 结果表示

利用硝酸银溶液体积扣除空白试验消耗，得到滤液所消耗的硝酸银溶液的体积 V_6，其中 1mL 滴定液相当于 2.923×10^{-3}g 氯化钠。

烟气脱硫石膏中的氯离子含量按下式进行计算：

$$X_4=\frac{2.923\times10^{-3}\times f_3\times V_6}{m_2}\times 10^6$$

式中 X_4——每千克试样中氯离子含量的数值，(mg/kg)；

m_2——所测试样质量的数值，(g)（$m_2=20$）；

V_6——滤液所消耗的硝酸银溶液的体积的数值，(mL)；

f_3——计算校正因子（$NaCl\rightarrow Cl$，$f_3=0.6066$）。

计算结果精确至 0.1mg/kg。

烟气脱硫石膏中半水亚硫酸钙的含量如何测定?

答：烟气脱硫石膏中半水亚硫酸钙含量的测定：

① 分析步骤

称取约1g烟气脱硫石膏试样（m_3）于150mL烧杯中，精确到0.1mg，随后加入过量的碘溶液（V_7，0.05mol/L），50mL去离子水，5mL硫酸溶液（1+1）。

用硫代硫酸钠溶液（0.1mol/L）回滴过量的碘溶液至黄色后再加入5mL浓度为2%的淀粉溶液，继续滴至溶液颜色由蓝色变为无色（V_8）。

② 结果表示

1mL碘溶液相当于3.203×10^{-3}g二氧化硫，烟气脱硫石膏中的半水亚硫酸钙含量按下式进行计算：

$$X_5=\frac{3.203\times10^{-3}\times(V_7-V_8)}{m_3}\times f_4\times100$$

式中 X_5——半水亚硫酸钙含量的数值，（%）；

m_3——所测试样质量的数值，(g)；

V_7——所用碘溶液的体积的数值，(mL)；

V_8——所用硫代硫酸钠溶液的体积的数值，(mL)；

f_4——计算校正因子（$SO_2\rightarrow CaSO_3\cdot1/2H_2O$，$f_4=2.0106$）。

计算结果精确至0.01%。

烟气脱硫石膏的pH值如何测定?

答：烟气脱硫石膏的pH值的测定：

① 分析步骤

室温下，在90mL已去除二氧化碳的水中加入约10g的烟气脱硫石膏试样，精确至1mg，搅拌该悬浊液1min，随后静置5min，得到待测溶液。

用pH4.00、pH7.42、pH9.18的缓冲溶液校正pH计。随后用酸度计对待测溶液进行pH值的测定。

② 结果表示

计算结果精确至0.1。

烟气脱硫石膏的型式检验有哪几项?

答：烟气脱硫石膏的型式检验项目有气味、附着水含量、二水硫酸钙（$CaSO_4\cdot2H_2O$）含量、半水亚硫酸钙（$CaSO_3\cdot1/2H_2O$）含量、水溶性氧化镁（MgO）含量、水溶性氧化钠（Na_2O）含量、pH值、氯离子含量、白度。这些项目的检测方法在我国建材行业标准《烟气脱硫石膏》(JC/T 2074—2011）中均有具体规定。

有下述情况之一时，应进行产品的型式检验：

(1) 原料、工艺、设备有较大改变时；

(2) 产品停产半年以上恢复生产时；

(3) 正常生产满一年时。

第五节　工业副产石膏——磷石膏专题

磷石膏的级别及技术指标应符合什么要求？

答：我国国家标准《磷石膏》（GB/T 23456—2018）适用于以磷矿石为原料，湿法制取磷酸时所得的主要成分为 $CaSO_4 \cdot 2H_2O$ 的磷石膏。规定了磷石膏的分类和标记、要求、试验方法、检验规则及包装、标志、运输和贮存。

磷石膏基本要求见表 5-6。

表 5-6　磷石膏基本要求

序号	项目	指标		
		一级	二级	三级
1	附着水（H_2O）质量分数（%）	—	≤25	—
2	二水硫酸钙（$CaSO_4 \cdot 2H_2O$）质量分数（%）	≥85	≥75	≥65
3	水溶性五氧化二磷（P_2O_5）质量分数（%）	—	≤0.80	—
4	水溶性氟（F^-）质量分数（%）	—	≤0.50	—
5	放射性核素限量应符合国家现行标准《建筑材料放射性核素限量》（GB 6566）的要求			

注：其中 3、4 项为用作建材时应测试项目。

磷石膏的化学成分有哪些？

答：磷石膏是一种附着水含量为 10%～20%的潮湿粉末或浆体，pH 值为 1.9～5.3，颜色以灰色为主。

磷石膏的化学成分以 $CaSO_4 \cdot 2H_2O$ 为主。所含杂质主要是磷矿酸解时未分解的磷矿、氟化合物、酸不溶物（铁、铝、镁、硅等）、碳化了的有机物、未洗净的磷酸。另外，有些磷矿还含有少量的放射性元素，其中的铀化合物多数溶解在酸中，但是其中的镭以硫酸镭的形式沉淀出来。磷石膏的化学成分与磷矿的质量、磷酸的生产工艺及工艺控制有关。

磷石膏中的可溶性杂质主要有哪几种？

答：磷石膏中的可溶性杂质主要以下三种：

（1）水洗磷石膏时未洗净的游离磷酸、无机氟化物等，其中磷酸是使磷石膏呈酸性的主要物质。磷石膏中的氟化物一般以不溶性杂质的形式存在，但是有时会以 Na_2SiF_6 的形式存在，它也会使磷石膏呈酸性。在利用磷石膏时，这些杂质会腐蚀加工设备，影响磷石膏产品的性质。在堆存磷石膏时，这些杂质通过雨淋渗透而影响地下水质量污染环境。

（2）磷酸一钙、磷酸二钙等将磷石膏用于生产建筑石膏时，这些杂质主要影响建筑石膏的凝结时间。

(3) 钾、钠盐等将磷石膏用于石膏制品时，这些杂质会在石膏制品干燥时随水分迁移到制品表面，使制品“泛霜”。

磷石膏中的不溶性杂质主要有哪几种?

答：磷石膏中的不溶性杂质主要有以下两种：

(1) 在磷矿酸解时不发生反应的硅砂、未分解矿物和有机质。

(2) 在硫酸钙结晶时与其共同结晶的磷酸二钙和其他不溶性磷酸盐、氟化物等。多数不溶性杂质属惰性杂质，对磷石膏影响不大。但是过多的共同结晶的磷酸二钙会影响磷石膏作水泥缓凝剂的性能，在煅烧磷石膏后不溶氟化物会分解而成酸性，从而影响磷石膏的水化性能。有机杂质会影响煅烧磷石膏的凝结时间，也会影响磷石膏的颜色。

磷石膏中杂质及对其性能的影响是什么?

答：由于磷酸生产厂家不同，生产工艺、控制条件的差异，即使是同一生产厂家，由于生产时间不一样，以及磷石膏长期露天堆放，造成磷石膏中的杂质成分如氟、磷等的差异较大。特别是对磷石膏性能影响最大的磷含量具有不确定性和多样性。磷对磷石膏性能影响具体表现为磷石膏凝结时间延长，硬化体强度低。磷组分主要有可溶磷、共晶磷、沉淀磷三种形态，以可溶磷对性能影响最大。

磷石膏中可溶磷主要分布在二水石膏晶体表面，其含量随磷石膏粒度增加而增加。不同形态可溶磷对性能影响存在显著差异，H_3PO_4影响最大，其次 $H_2PO_4^-$。可溶磷在磷石膏复合胶结材水化时转化为 $Ca_3(PO_4)_2$沉淀，覆盖在半水石膏晶体表面，使其缓凝，使硬化体早期强度大幅降低。磷石膏中酸性杂质越多，凝结时间越长，产品性能越差，主要原因是磷石膏在酸性介质中形成了不溶于水的无水石膏。共晶磷对磷石膏性能的影响规律与可溶磷相似，只是影响程度较弱而已。

除了磷对磷石膏性能的影响外，氟的影响也不可低估。氟来源于磷矿石，在生产磷石膏的过程中，氟以可溶氟和难溶氟两种形式存在。可溶氟有促凝作用，含量低于0.3%时对胶结材强度影响较小，但是含量超过0.3%时，会显著降低磷石膏的凝结时间和强度。有机物使磷石膏胶结材需水量增加，凝结硬化减慢，削弱二水石膏晶体间的结合，使硬化体结构疏松，强度降低。

磷石膏中杂质组成、形态、分布对其性能有哪些影响?

答：(1) 可溶磷、氟、共晶磷和有机物是磷石膏中主要有害杂质。可溶磷、氟、有机物主要分布于二水石膏晶体表面，其含量随磷石膏粒度增加而增加。共晶磷含量则随磷石膏粒度增加而减少。

(2) 磷石膏胶结材水化时，可溶磷转化为 $Ca_3(PO_4)_2$沉淀，覆盖在半水石膏晶体表面，使其缓凝。它降低二水石膏析晶的过饱和度，使二水石膏晶体粗化，使硬化体强度大幅降低。共晶磷保留在建筑石膏的半水石膏晶格中，水化时从晶格中溶出，对水化硬化的影响与可溶磷相似。

(3) 可溶氟使磷石膏促凝，其含量低于0.3%时，对胶结材强度影响较小，但含量超过0.3%时，使强度显著降低。

(4) 有机物使磷石膏胶结材需水量增加，凝结硬化减慢，削弱二水石膏晶体间的接合，使硬化体结构疏松，强度降低。

(5) 碱组分使磷石膏制品表面泛霜和粉化。

磷石膏的杂质有什么特性？

答：由于磷石膏与磷矿的来源、磷矿的组成以及生产磷酸不同的工艺条件有着密切的联系，因而其成分、颜色、物理性能、杂质含量、杂质种类等也都有所不同。但作为人工合成的石膏，都具有以下共同特性：较高的附着水，一般为10%～20%；粒径较细小，一般为5～300μm；含有较为复杂的化学杂质成分，含量虽少但对石膏应用性能有较大影响，给磷石膏的有效利用带来一定难度；有效成分二水石膏的含量一般均较高，可达75%～98%，相当于二级以上石膏的有效成分含量。

磷石膏中的有机物、共晶磷对其性能有什么影响？

答：磷石膏中的有机物为乙二醇甲醚乙酸酯、异硫氰甲烷、43甲氧基正戊烷、33乙基32－43二氧戊烷，这些有机杂质分布在二水石膏晶体表面，它们的含量随磷石膏颗粒度的增加而增加，共晶磷含量随磷石膏颗粒度的减而增加。

有机物使磷石膏胶结材需水量增加，消弱了二水石膏晶体间的结合，使硬化体结构疏松，强度降低，浮选、水洗和911℃下的煅烧可消除有机物的影响。

共晶磷存在于半水石膏晶格中，水化时从晶格中溶出，阻碍半水石膏的水化，共晶磷可降低二水石膏析晶的过饱和度，使二水石膏晶体粗化，强度降低，一般的预处理不能消除共晶磷的影响，但在911℃下煅烧制备无水石膏时，可使共晶磷从晶格中析出。

不同粒度磷石膏中的杂质有什么样的分布特点？

答：磷石膏中可溶磷（w-P_2O_5）、共晶磷（c-P_2O_5）、总磷（t-P_2O_5）、F^-、有机物等杂质并不是均匀分布在磷石膏中的，不同粒度磷石膏中杂质含量存在显著差异，具体分布情况见表5-7。

表5-7　不同粒度磷石膏杂质质量分布（%）

质量分数（%）\ 粒径（μm）	>300	300～200	200～160	160～80	<80
w-P_2O_5	1.54	0.92	0.83	0.56	0.10
c-P_2O_5	0.12	0.20	0.25	0.32	0.46
t-P_2O_5	3.20	2.41	2.12	1.67	0.93
F^-	0.86	0.69	0.61	0.39	0.12
有机物	0.34	0.26	0.13	0.09	0.05

由表 5-7 可知，随着磷石膏颗粒度增加，可溶磷、总磷、氟和有机物杂质含量迅速增加。例如，在小于 80μm 磷石膏中，可溶磷质量分数仅为 0.10%，80～160μm 磷石膏中可溶磷质量分数为 0.56%，而大于 300μm 磷石膏中的可溶磷质量分数高达 1.54%。而共晶磷含量则随磷石膏颗粒度减小而增加（这可能是由于二水石膏小晶体在磷酸浓度较高、过饱和度较大的区域成核长大，P_2O_5 在这种液相条件进入二水石膏晶格的概率更大）。根据磷石膏杂质的这种分布特点，采用筛分法去除 300μm 以上磷石膏，去除大部分可溶磷、总磷、氟和有机物杂质，改善磷石膏性能，在工艺上是完全可行的。

杂质对磷石膏作为水泥缓凝剂有什么影响?

答：在水泥生产过程中需掺入天然石膏作为缓凝剂以防止速凝现象的产生。磷石膏中的二水石膏对水泥同样能起到缓凝效果。其中，磷石膏对水泥的缓凝作用以可溶性磷和氟为主，可溶性磷中 HPO_4^{2-} 对水泥的缓凝作用最强，难溶性磷和氟对水泥的缓凝作用很小。但一方面，由于杂质如 P_2O_5 等会阻碍水泥的早期水化速率，延长凝结时间，对早期强度起着不利影响，且磷石膏中含有的微量磷、氟等有害杂质为粉状，含水量高，黏性强，在装载、提升、输送过程中易黏附在各种设备上，造成积料堵塞；另一方面，由于磷石膏中杂质的影响，使其在水泥粉磨温度下与天然二水石膏的脱水情况存在差别。

天然石膏在水泥粉磨温度下未产生脱水现象，其主要成分仍是二水硫酸钙；而磷石膏中硫酸钙除了二水形式外，大部分以半水的形式存在，并出现无水形式。半水及无水形式的出现进一步表明磷石膏中杂质的存在使二水石膏脱水温度降低。半水石膏含量较高的时候，可能会引起闪凝等方面的问题出现。因此，水泥厂如选用磷石膏作为缓凝剂，必须对其进行预处理去除杂质，消除杂质的负面影响，才能生产出合格的产品。其具体处理方法为：通过分开粉磨的方式提高水泥中各物料的活性，能够减弱磷和氟对水泥凝结时间的不利影响。磷石膏经过 2%的生石灰中和或 800℃煅烧后，可以消除磷和氟对水泥凝结时间的不利影响。

杂质对磷石膏脱水所得建筑石膏性能有什么影响?

答：磷石膏通过除杂制备的半水石膏水化后的晶体结构，建筑石膏硬化体为自形程度很高的长柱状二水石膏晶体，且有无定型的胶凝物质。磷石膏胶结材硬化体则为块状，较为分散，晶体结构的不紧密性对抗压强度较为不利。磷石膏中杂质对其所制备的半水石膏宏观性能的影响则表现在可溶性 P_2O_5，会影响石膏制品的外观形态，延缓凝结时间；可溶性氟则在石膏制品中缓慢地与石膏发生反应，释放一定的酸性；钠、钾的离子会造成制品表面晶化；有机物则对半水石膏硬化时生成二水硫酸钙的反应产生阻碍，延缓半水石膏的凝结时间，且对石膏制品的颜色也有一定影响。因此，由磷石膏制备半水石膏时，必须对磷石膏进行预处理以获得性能稳定且杂质含量符合建材行业要求的二水石膏后，才能进行煅烧制备半水石膏。从目前的研究结果来看，磷石膏在通过不同方式的预处理后制备的建筑石膏物理力学性能可以达到相应的标准要求。

磷建筑石膏的颗粒级配对其性能有什么影响?

答：将不同粒径磷石膏脱水陈化后，分别测定其标准稠度需水量、凝结时间、抗压强度等物理性能。

磷石膏胶结料的标准稠度随颗粒粒径减小而增大，凝结时间则随颗粒粒径减小而变短，抗压强度则表现出与标准稠度一样的规律。影响磷石膏胶结料需水量和抗压强度的主要因素是磷石膏的颗粒粒径，而影响磷石膏胶结料凝结时间的主要因素是磷石膏中可溶性杂质，特别是可溶磷的含量。

磷石膏中的杂质对熟石膏的质量有哪些影响?

答：(1) 杂质的影响

① 共晶磷

② 可浓物 P_2O_5

尽管经过了过滤器洗涤，但是磷石膏中残留的游离磷酸，是二水石膏酸性的主要来源。从“酸性”方面来说，由于酸能引起二次反应，所以在熟石膏的大多数应用中，都不允许有酸性杂质存在。例如，将二水石膏混入水泥熟料中（干扰水泥凝结)，或在用熟石膏生产预制构件时（构件表面的可溶物质产生迁移，使构件在干燥时产生粉化)，都不应有这种酸性杂质存在。

③ 不溶物

少量不受侵蚀的磷酸盐矿物可作为一种惰性填料。这种填料不是必须要清除的。

与此相反，同结晶的磷酸二钙，对磷石膏在水泥工业中的应用却成为一个不利的条件（磷石膏在水泥中的配量随它的含氟量、水泥熟料的成分以及水泥的使用条件而异)。

一般情况下，氟以不溶物的形式存在。若侵蚀介质里含有碱性物质和活性二氧化硅，氟就与它们形成了 Na_2SiF_6络合物。此时，氟的溶解度随温度变化。这种络合物对二水石膏缓慢地产生作用，释放出一定的酸性：

$$SiF_6^{2-}+3CaSO_4+2H_2O \longrightarrow 3CaF_2+SiO_2+4H^++3SO_4^{2-}$$

不溶氟化物杂质可产生较大的变化：在介质中氟的某几种形态是惰性的（$CaF_2 \cdot Na_3AIF_6$)：反之，若它以同结晶络合物存在之时，“不溶”氟就有极大的活性。实际上，这种络合物在热状态下是不稳定的。在将二水石膏活化处理成熟石膏之后，在熟石膏与水拌和时，它就转变成水解产物。这种水解物释放出可溶物质，而且有时释放出酸性物质。

可溶分解产物的存在，对熟石膏性能来说，不总是一个不利条件（衍生物也常常是促使结晶的物质)，但是要找到避免这些不利因素的方法。

(2) 酸性

已知有两种酸性：

① 磷石膏的“直接”酸性

主要是未洗涤净的磷酸残存在磷石膏中，它可在氟硅酸盐缓慢分解时放出酸性。

②“潜在”的酸性

这种酸性来自氟化物的分解，只有在拌和熟石膏时才能显示出这种酸性。熟石膏或二水石膏当然“不欢迎”很明显的酸性反应。所以，必须通过洗涤最大限度地清除直接酸性。甚至在某些情况下，要破坏磷石膏中的氟化络合物，以便清除潜在的酸性来源。

（3）二氧化硅

以石英形态存在的二氧化硅，在二水石膏或熟石膏中都是无害的，因为它只是一种惰性填料。然而，在加工处理石膏时，石英却不利于粉磨。

在石英周围，可以看到二氧化硅结合到氟化络合物里。

（4）有机物质

石膏中的有机杂质是难以鉴别的，其性质视有机碳含量而异。在“熟石膏”的应用中，有两个不利的方面。

① 从其表面性质讲，在熟石膏拌和时，它成为二水石膏结晶的障碍物，妨碍了石膏的凝结。

② 从其颜色上说，它在熟石膏的应用中，污染了熟石膏构件的外观。

所以在有机杂质的浓度很大时，就必须将它清除。

（5）碱性物质

以可溶盐形式存在于熟石膏中的碱性物质，在熟石膏的应用过程中，能产生多余结晶的现象（白霜），所以要尽量把它清除干净。

磷石膏的杂质及显微结构对磷建筑石膏性能有什么影响?

答：磷石膏中二水石膏晶体较天然二水石膏晶体规整、粗大、均匀并以板状为主。其颗粒级配呈正态分布，颗粒分布高度集中，磷石膏这种显微结构使其胶结材流动性差，需水量高，硬化体结构疏松。

磷石膏中可溶磷、可溶氟、有机物等杂质分布在二水石膏晶体表面，其含量随磷石膏粒度的增加而增加。共晶磷含量则随磷石膏粒度的减小而增加。由于杂质的影响，磷石膏煅烧温度应比天然石膏低。

磷石膏性能受其显微结构与杂质含量两方面影响。中和与水洗预处理可消除主要有害杂质影响，球磨预处理则可显著改善磷石膏颗粒形貌与级配，大大降低水膏比和硬化体孔隙率使硬化体结构致密。经过中和、球磨预处理的磷石膏可得优等建筑石膏。

磷石膏中杂质的清除方法有哪些?

答：磷石膏因含有 P、F、游离酸等杂质，会延长熟石膏水化凝结时间，降低制品的强度。因此，磷石膏用来生产石膏建材时必须进行严格净化，在磷石膏的各种处理技术中都包含磷石膏水洗分离杂质和中和游离酸的处理过程。

磷石膏净化的关键点为：一是经水洗且获得稳定且杂质含量符合建材行业要求的二水石膏；二是解决水洗过程中造成的二次污染。

净化方法主要有水洗、分级和石灰中和等。水洗工艺可以除去磷石膏中细小的不溶性杂质，如游离的磷酸、水溶性磷酸盐和氟等。分级处理可除去磷石膏中细小不溶性杂质，如硅砂、有机物以及很细小的磷石膏晶体，这些高分散性杂质会影响建筑石膏的凝结时间，同时黑色的有机物还会影响建筑石膏产品的外观颜色，分级处理对P、F的脱除也有效果，另外湿筛磷石膏还可以除去大颗粒石英和未反应的杂质。石灰中和方法对去除磷石膏中的残留酸简便有效。

当含可溶性杂质、不溶物、有机质较高的磷矿制磷酸时，生成的磷石膏呈聚合晶，那就要采用较讲究的净化方法。如用三级水力旋风离器分离磷石膏料浆。在此情况下，水溶性杂质的去除率大于95%，有机杂质的去除率也很高，磷石膏的利用率为70%～90%。

当磷石膏的粒度特别细小，水源又不怎么丰富时，可采用浮选法代替水力旋离法分离杂质。浮旋法对有机杂质的分离程度很高，对水溶性杂质的去除率在85%～90%之间，石膏的回收率在90%～96%。

净化后的石膏悬浮液用真空过滤操作尽量把游离水含量降到最低，以减少后干燥工段的热量消耗。选用的过滤形式需视磷石膏的结晶粒度而定。离心机可使磷石膏的含水量降得更低些，但对有些磷石膏并不适用，真空过滤机的脱水程度差，但能适用于各种磷石膏，投资费低，维修要求少。

磷石膏有什么特性及其热力学性质是什么？

答：用磷石膏生产的建筑石膏的标准需水量高于天然建筑石膏，强度则低于天然石膏，凝结时间反而早于天然石膏。这从表面看是一种反常现象。实际上是未经任何处理的磷石膏的特殊现象。这是磷石膏与天然石膏脱水滤度曲线的根本区别所在，总而言之，磷石膏的脱水温度低于天然石膏，性能有明显差异。

据有关资料和试验结果分析，磷石膏的上述特性，可以解释如下：

(1) 磷石膏的酸性较高，有害杂质基本为酸性物质。当脱水温度升高时，酸性介质急剧释放，尤其是脱水的初始阶段。磷石膏中酸性物质含量的增加，导致脱水温度下降，在二水石膏及半水石膏效应之间出现一个放热效应。这种反应是在磷酸和硅氟酸混合物作用下再次生成半水石膏，也可直接由二水石膏生成。由于生成半水石膏的量减少，脱水温度相应降低。

(2) 在所生成物中含有无水石膏Ⅲ型。无水石膏Ⅲ型并不稳定，亲水性强。即使在潮湿的空气中也能转变成半水石膏（或者发生逆反应）。在实际应用中，无水石膏Ⅲ型在熟石膏中起催化作用。由于脱水温度高，磷石膏二水物直接生成无水石膏Ⅲ型，外形仍呈二水结晶状。当配制胶结料时，按照正常熟石膏需水量标准加入时，料浆很快变稠随后凝结，实际需用水量大大高于天然石膏，而且胶结材料试料泌水严重。因为无水石膏Ⅲ型的存在，加快了熟石膏硬化进程。虽然表层有水，但水面下的胶结料已硬化。

由于硬化速度快导致熟石膏水化成二水石膏的进程加快，二水石膏晶体生长的时间和条件不能满足，所以晶体不能像天然石膏那样生成较大的燕尾晶，而在其晶体群之间包裹有气孔和水，试样烘干后进行破坏试验时可见其断面粗糙呈微孔状，与天然石膏不同。

（3）在脱水温度为120～140℃的试验中，掺入一定量的CaO，加入时温度在100℃左右。岩相分析表明：磷石膏的脱水产物基本是$CaSO_4 \cdot 1/2H_2O$，少量$CaSO_4 \cdot 2H_2O$，没有发现$CaSO_4$和其他矿物。标准需水量接近天然石膏，强度达到一级建筑石膏要求。

掌握了磷石膏的特性及其脱水的热力学性质，就可确定磷石膏的最佳炒制制度，使磷石膏转化为建筑石膏。并可利用外加剂进一步改善其性能。

不同掺量的磷建筑石膏对天然建筑石膏的强度有何影响？

答：磷建筑石膏和天然建筑石膏按一定配合比生产的石膏建材产品提高了早期强度，对生产过程中的脱模、转运更为有利。

磷建筑石膏加入天然建筑石膏的配合比为20％～50％，强度均有提高，掺量为30％～50％的强度增幅最大，以2h强度计算，提高了约17％，以14d、28d强度计算，提高了30％左右。

磷石膏预处理的方法有哪些？

答：（1）水洗

建筑石膏工业生产线试生产出优等品建筑石膏。水洗法的主要问题是生产线一次投资大、能耗高，水洗后无水排放造成二次污染。一般磷石膏利用要达到21万～26万吨，在经济上才能与天然石膏竞争。显然，水洗工艺不符合我国磷肥厂规模小、分散、缺乏投资能力这一情况，我国磷石膏建材资源化完全依赖水洗工艺是不现实、不合理的。只有当磷石膏中可溶性杂质与有机物含量高、波动大，且生产线规模超过21万吨时，水洗工艺才是一种好的选择。

（2）石灰石中和

石灰石中和使有害态的可溶性磷、氟转化为惰性的难溶盐，从而消除可溶磷、氟对磷石膏胶凝材料的不利影响，使磷石膏胶凝材料凝结硬化趋于正常。采用石灰中和和预处理工艺，在实验室和试生产线均可制备出合格品建筑石膏。

磷石膏胶凝材料性能对预处理的石灰掺量较敏感，在适宜掺量范围使胶凝材料强度大幅降低，控制好石灰掺量是石灰中和预处理的关键。国内磷石膏品质一般波动较大，采用石灰中和预处理工艺时，必须对磷石膏进行预均化处理。石灰中和工艺简单、投资少、效果显著，是非水洗预处理磷石膏的首选工艺，特别适用于品质较稳定、有机物含量较低的磷石膏。

（3）浮选

磷、氟、有机物等杂质并不是均匀分布在磷石膏中，不同粒度磷石膏的杂质含量存在显著差异，可溶磷、总磷、氟和有机物含量随磷石膏颗粒度增加而增加。如有机物总含量小于91磷石膏中可溶磷含量仅1/2，91～271中可溶磷含量为1/67，而大于411的可溶磷高达2/65，磷石膏中杂质的这种分布使筛分提纯磷石膏成为可能。去掉311以上磷石膏的筛分处理，可溶磷、氟与有机物含量均显著降低，磷石膏性能得以改善。筛分工艺取决于磷石膏的杂质分布与颗粒级配，只有当杂质分布严重不均，筛分可大幅度降低杂质含量时，该工艺才是好的选择。

(4) 煅烧

911℃煅烧磷石膏中的共晶磷转化为惰性的焦磷酸盐，有机物蒸发。经石灰中和、911℃煅烧制备的Ⅱ型无水石膏，与同品位天然石膏制备的无水石膏性能相当。Ⅱ型无水石膏胶凝材料强度与耐水性均优于建筑石膏，是有效利用磷石膏的方式之一。由于一般的预处理不能消除其中共晶磷影响，共晶磷含量较高的磷石膏特别适合用该工艺制备Ⅱ型无水石膏胶凝材料。

(5) 球磨

① 磷石膏颗粒级配。形貌与天然石膏存在明显差异。磷石膏粒径呈正态分布，颗粒分布高度集中，91～311颗粒达71%。磷石膏中二水石膏晶体粗大、均匀、较天然二水石膏晶体规整，多呈板状，长宽比为3∶2～4∶2。磷石膏这一颗粒特征是在磷酸生产过程中，为便于磷酸过滤、洗涤而刻意形成的。这种颗粒结构使其胶凝材料流动性很差，水膏比大，硬化体物理力学性能变坏。

② 改善磷石膏颗粒结构的有效手段。球磨使磷石膏中二水石膏晶体规则的板状形貌和均匀尺寸遭到破坏，其颗粒形貌呈现柱状、板状、糖粒状等多样化。一般胶凝材料比表面积增加，需水量相应增加。但对于磷石膏，球磨增大比表面积后，需水量大幅降低，显然，这是球磨改善颗粒形貌与级配的结果，这种改善大大增加了磷石膏胶凝材料的流动性，使其标准稠度的水膏比从1/96降至1/77，硬化体孔隙率高、结构疏松的缺陷也得以根本解决。球磨处理后的磷石膏的比表面积为4611～5111cm^2/g，进一步增加比表面积的改性效果不明显。

球磨处理不能消除杂质的有害影响。因此，球磨处理方法应与石灰中和、水洗等预处理结合。实验室与中试生产线采用石灰中和后再进行球磨预处理工艺可制备出优等品建筑石膏。

总之：

(1) 就消除有害杂质影响而言，水洗是最有效的方式。但水洗工艺存在一次性投资大、能耗高、污水排放的二次污染等问题。当磷石膏年利用量达21万～26万吨时，该工艺才具有竞争力。

(2) 石灰中和可消除可溶磷、氟的影响，经济、实用而有效。有机物含量不高时，石灰中和工艺尤其适用。磷石膏胶凝材料性能对石灰掺量很敏感，故磷石膏品质应较稳定。在石灰中和预处理前应进行预均化处理。

(3) 适度的球磨可有效改善磷石膏的颗粒形貌与级配，增加其胶凝材料流动性，大幅降低需水量，从根本上改善硬化体孔隙率高、结构疏松的缺陷。球磨与石灰中和工艺结合，可制备优等品建筑石膏，是非水洗预处理工艺的最好选择。

（4）浮选预处理可除去有机物，从而消除有机物有害作用。当有机物含量较高，而又采用非水洗预处理工艺时，可选择浮选工艺。磷石膏中杂质分布不均使通过筛分降低磷石膏杂质含量成为可能。筛分工艺及其效果取决于杂质随颗粒的分布。

球磨对磷建筑石膏的作用效果是什么？

答：球磨是改善磷建筑石膏颗粒结构的有效手段。磷石膏颗粒分布高度集中，粒级在0.8～0.02mm的颗粒占绝大多数。其二水石膏晶体粗大、均匀，较天然二水石膏晶体规整，多呈板状，这种颗粒结构使磷石膏胶结材流动很差。试验表明，球磨的效能表现为：

（1）使磷石膏中二水石膏晶体规则的板状外形和均匀尺度遭到破坏，使颗粒形状呈多样化，球磨75min对磷石膏晶形改良最佳。

（2）通过球磨，磷石膏颗粒级配趋于合理。

（3）随球磨时间增加，磷建筑石膏初凝时间增加，初终凝时间间隔加大。球磨时间超过120min，胶凝材料硬化体呈局部粉化状，力学性能降低。

（4）磷建筑石膏胶凝材料流动性提高，水的需求量降低，标准稠度从0.85降至0.66，使磷石膏胶凝材料孔隙率高、结构疏松的缺陷得到根本解决。但球磨不能消除杂质的有害影响。

磷石膏生产建筑石膏的陈化效应有哪些？

答：（1）在陈化前期，Ⅲ型无水石膏明显减少，半水石膏含量明显增加，而二水石膏的含量却没有明显变化，主要原因在于Ⅲ型无水石膏对水的强吸附能力，它不仅可以从空气中吸取水分，甚至能够从再生或残存的二水石膏中吸取水分，使二水石膏脱水成为半水石膏。主要原因在于Ⅲ型无水石膏晶体结构极不稳定，同时再生或残存的二水石膏的结晶也不稳定，所以，即使一部分半水石膏可以缓慢吸水而成为二水石膏，而再生的二水石膏又可以被Ⅲ型无水石膏脱水变为半水石膏。

（2）熟石膏标准稠度用水量先随陈化期的延长而降低，然后又升高，与熟石膏的相组成相分析结果来看，当无水石膏全部或大部分转化为半水石膏时，标准稠度用水量达到最低值，此时强度达到最高值，陈化作用的效果才明显表现出来。此时物料本身形态变化进一步趋向稳定，石膏的微小晶体进一步由高能态向低能态转变，并会有一定量的α型半水石膏生成，当陈化后期，二水石膏的含量迅速增加，标准稠度用水量又增大，石膏硬化体内的孔隙增多，强度开始下降。对此，石膏的陈化可分为陈化有效期和陈化失效期，在有效期内，可溶性的Ⅲ型无水石膏转化为半水石膏，在此过程可能会发生二水石膏含量减少的现象；在失效期内，Ⅲ型无水石膏已经基本转化为半水石膏，半水石膏吸水成为二水石膏。在这两个过程中间，半水石膏含量达到最高值，强度也达到最高值。陈化有效期的长短受诸多因素的影响，如粒度、湿度、温度、料层厚度等。

（3）由于磷石膏中存在一定量的可溶性 P_2O_5 和 F^-，对石膏具有一定程度的缓凝作用。石膏粒度小，比表面积大，有利于溶解，凝结时间短。在陈化前期时间段内，陈化时间越长，半水石膏含量会越多，在陈化后期时间段内，二水石膏含量增加，增加了水化速度所以凝结时间随陈化时间的增加而变短。

磷石膏加入水泥后对水泥有什么影响？

答：（1）磷石膏掺入水泥中作为调凝剂使用，水泥性能良好，与加入天然石膏的性能相近，而且强度高于掺天然石膏的水泥。用磷石膏代替天然石膏掺入水泥中，不仅不会降低水泥强度，反而会提高后期强度。

（2）水泥石硬化后，所有石膏都被化合在水化硫铝酸钙中，水泥石中没有发现游离石膏，X 衍射分析完全证实了这一点。因此不必担心磷石膏会延缓水化硫铝酸钙的形成，而导致水泥石结构的破坏。

（3）C_3S（p）与 C_3S 具有相同的水化程度，其水产物的相组成和数量也相同。P_2O_5 能够使 C_3S 水化初期新生成物形成高度分散的松散结构，加速转化成强度高的石状整体。与 C_3A 对普通水泥硬化的促进作用不同的是：C_3S（p）在 C_3A 的影响下，硬化初期的水化有所延缓，βC_3S（p）对 C_3S（p）的水化硬化没有明显的影响。

磷石膏中水溶性五氧化二磷的含量如何测定？

答：（1）质量法

① 原理

在酸性介质中，正磷酸根与喹钼柠酮沉淀剂反应生成黄色磷钼酸喹啉沉淀，通过沉淀量换算出五氧化二磷（P_2O_5）的含量。

② 哇钼柠酮沉淀剂

溶液 a——称取 70g 钼酸钠于 400mL 烧杯中，用 100mL 水溶解；

溶液 b——称取 60g 柠檬酸于 1000mL 烧杯中，用 100mL 水溶解，加入 85mL 硝酸；

溶液 c——将溶液 a 加到溶液 b 中，混匀；

溶液 d——将 35mL 硝酸和 100mL 水在 400mL 烧杯中混匀，加 5mL 喹啉；

溶液 e——将溶液 d 加到溶液 c 中，混匀。静置 24h，用玻璃砂芯坩埚或滤纸过滤，在滤液中加入 280mL 丙酮，用水稀释至 1000mL。

将该沉淀剂置于暗处，避光避热。

③ 测试步骤

准确移取 50mL 试料溶液 A，置于 300mL 烧杯中，加入 10mL（1+1）硝酸溶液，用水稀释至 100mL。

盖上表面皿，于电炉上加热至沸，取下，用少量水冲洗表面皿和杯壁。在不断搅拌下，加入 30mL 喹钼柠酮沉淀剂②，继续温和地加热微沸 1min。取下烧杯，冷却过程中搅拌 3～4 次，静置沉降。

用预先在（180±2)℃恒温干燥箱内干燥至恒重的玻璃砂芯坩埚（m_4）抽滤。先将上层清液滤完，然后以倾泻法洗涤沉淀 1～2 次（每次用水约 25mL），将沉淀全部转移至坩埚中，再用水洗涤 5～6 次。将坩埚底部的水分用滤纸吸干后，置于（180±2)℃恒温干燥箱内，干燥至恒重（45min 以上），置于干燥器中冷却 30min，称量（m_5）。空白试验除不加试料溶液 A 外，其余方法同上。

注：分析完毕后，坩埚中沉淀先用水冲洗，再用 1+1 氨水溶液洗涤（氨水溶液可以保留再用）。

④ 结果计算

五氧化二磷（P_2O_5）含量（X_1）以质量分数（%）表示，按下式计算：

$$X_1=\frac{[(m_5-m_4)-(m_7-m_6)]\times 0.03207}{m_3(1-X)\times 50/250}\times 100$$

式中 m_3——试料质量（g）；

m_4——坩埚的质量（g）；

m_5——磷钼酸喹啉沉淀和坩埚的质量（g）；

m_6——空白样坩埚的质量（g）；

m_7——空白样沉淀和坩埚的质量（g）；

X——同一样品所测附着水含量（质量分数%）；

0.032 07——磷钼酸喹啉摩尔质量换算为五氧化二磷（P_2O_5）质量的系数。

测定的试验次数规定为两次。用两次试验平均值表示测定结果。计算结果精确至 0.01%。

⑤ 允许差

在重复性条件下获得的两次独立测试结果的绝对差值不大于 0.05%，在再现性条件下获得的两次独立测试结果的绝对差值不大于 0.10%。

(2) 磷钒钼黄双波长光度法

① 显色剂

称取 7.8g 分析纯偏钒酸铵于 640mL（1+1）硝酸溶液中，用水稀释至 1000mL；再称取 102.6g 分析纯钼酸铵于水中溶解后稀释至 1000mL，然后等体积混合均匀。

② 五氧化二磷（P_2O_5）标准溶液

准确称取已经在（105～110)℃干燥至恒重的优级纯磷酸二氢钾（KH_2PO_4）1.917 5g 于 1000mL 容量瓶中，加入适量的水溶解并加入浓硝酸（2～3）mL，混匀，再加水稀释至刻度，混匀，此溶液含五氧化二磷（P_2O_5）1.0mg/mL。

③ 标准曲线的绘制

用移液管移取 1.0mL、2.0mL、3.0mL、5.0mL、10mL 的五氧化二磷（P_2O_5）标准溶液②，分别置于 100mL 容量瓶中，加入 10mL（1+1）硝酸及 40mL 水，摇匀，加

入 15mL 显色剂①，用水稀释至刻度［相当于每 100mL 溶液中含五氧化二磷（P_2O_5）1.0mg、2.0mg、3.0mg、5.0mg、10.0mg］，空白试验除不加五氧化二磷（P_2O_5）标准溶液②外，其余同上。用分光光度计，10mm 比色皿，在波长 480nm、500nm 分别进行测定，读取吸光度，精确至 0.001，计算两次吸光度差 ΔA_i。以五氧化二磷（P_2O_5）含量为横坐标，ΔA_i，为纵坐标，绘制标准曲线，或者将测定数据输入计算机回归处理，得吸光度差 ΔA_i 回归方程。

④ 测定步骤

用移液管准确吸取 50.00mL 试料溶液 A 于 100mL 容量瓶中，加入 10mL（1+1）硝酸及 20mL 水，摇匀，加入 15mL 显色剂，用水稀释至刻度。空白试验除不加试料外，其余同上。用分光光度计，10mm 比色皿，在波长 480nm、500nm 分别进行测定，读取吸光度，精确至 0.001。用两次吸光度差 ΔA，在标准曲线上查得或由回归方程计算出五氧化二磷（P_2O_5）的量 c_1，单位为毫克（mg）。

⑤ 结果计算

五氧化二磷（P_2O_5）含量（X_2）以质量分数（%）表示，按下式计算：

$$X_2=\frac{c_1\times10^{-3}}{m_3\ (1-X)\ \times50/250}\times100=0.5\times\frac{c_1}{m_3\ (1-X)}$$

式中：c_1——从曲线上查得或回归计算的五氧化二磷的量（mg）；

X——同一样品所测游离水含量（质量分数%）。

测定的试验次数规定为两次。用两次试验平均值表示测定结果。计算结果精确至 0.01%。

⑥ 允许差

在重复性条件下获得的两次独立测试结果的绝对差值不大于 0.05%，在再现性条件下获得的两次独立测试结果的绝对差值不大于 0.10%。

磷石膏中水溶性氟的含量如何测定?

答：1）原理

在离子强度配位缓冲溶液的存在下，以氟离子选择性电极作指示电极，饱和氯化钾甘汞电极作参比电极，用离子计或酸度计测量含氟溶液的电极电位。

2）试剂

① 盐酸：1+1。

② 硝酸：1+5。

③ 氢氧化钠溶液（200g/L）：将 200g 氢氧化钠溶于水中，加水稀释至 1L，贮存于聚乙烯塑料瓶内。

④ 溴甲酚绿指示剂溶液（1g/L）：将 0.1g 溴甲酚绿溶于 20mL 无水乙醇中，用水稀释至 100mL。

⑤ 柠檬酸-柠檬酸钠缓冲溶液（pH 值 5.5～6.0）：称取 24g 柠檬酸、270g 柠檬酸三钠溶于水中，并稀释至 1000mL，混匀。

⑥ 氟（F^-）标准溶液 1.0mg/mL：

准确称取 1.105g 预先在 120℃干燥至恒重的优级纯氟化钠，精确至 0.0001g，置于烧杯中，加水溶解后移入 500mL 容量瓶中，加水稀释至标线，摇匀，贮存于聚乙烯塑料瓶中。此标准溶液每毫升含 1.0mg 氟。

⑦ 氟（F^-）标准溶液 0.1mg/mL：

吸取 1.0mg/mL 氟标准溶液⑥25mL，置于 250mL 容量瓶中，加水稀释至标线，摇匀，贮存于聚乙烯塑料瓶中。此标准溶液每毫升含 0.1mg 氟。

3）工作曲线的绘制

准确量取 1.0mL、2.0mL、3.0mL、5.0mL 氟标准溶液⑦分别置于一组 50mL 容量瓶中，加入盐酸溶液 1mL①，加入五滴柠檬酸-柠檬酸钠缓冲溶液⑤和二滴溴甲酚绿指示剂溶液④，用氢氧化钠溶液③中和至溶液呈蓝色，再用硝酸溶液②调节溶液恰呈黄色，加入 20mL 柠檬酸-柠檬酸钠缓冲溶液，用水稀释至刻度（相当于 50mL 中含氟 0.1mg、0.2mg、0.3mg、0.5mg），摇匀，倾入干燥的 50mL 烧杯中。插入氟离子选择性电极和饱和甘汞电极，打开磁力搅拌器恒速搅拌 2min，停搅 30s，测量平衡时电位值，以电位值（mV）为纵坐标，相应的 50mL 溶液中含氟量（mg）的对数为横坐标绘制工作曲线，计算回归方程。

4）测定步骤

（1）准确移取 10mLA 溶液（A.4）于 50mL 容量瓶中，加入五滴柠檬酸-柠檬酸钠缓冲溶液⑤和二滴溴甲酚绿指示剂溶液④，用氢氧化钠溶液③中和至溶液呈蓝色，再用硝酸溶液②调节溶液恰呈黄色，加入 20mL 柠檬酸-柠檬酸钠缓冲溶液，用水稀释至刻度，摇匀，倾入干燥的 50mL 烧杯中。

（2）插入氟离子选择性电极和饱和甘汞电极，打开磁力搅拌器恒速搅拌 2min，停搅 30s，测量平衡时电位值，在工作曲线上查出或由回归方程计算出氟量 c_2，单位为毫克（mg）。

（3）结果计算

氟（F）的含量（X_3）以质量分数（%）表示，按下式计算：

$$X_3=\frac{c_2\times10^{-3}}{m_3\ (1-X)\ \times\frac{10}{250}}\times100=2.5\times\frac{c_2}{m_3\ (1-X)}$$

式中 c_2——从工作曲线上查得的或回归曲线上计算出的氟（F）量（mg）；

m_3——试料的质量（g）；

X——同一样品所测游离水含量（质量分数%）。

测定的试验次数规定为两次。用两次试验平均值表示测定结果。计算结果精确至 0.01%。

5）允许差

在重复性条件下获得的两次独立测试结果的绝对差值不大于 0.05%，在再现性条件下获得的两次独立测试结果的绝对差值不大于 0.10%。

磷石膏的型式检验有哪几项？

答：型式检验项目有附着水含量、二水硫酸钙含量、水溶性五氧化二磷含量、水溶性氟含量，放射性核素含量。

有下列情况之一时，应进行型式检验。

（1）原材料、工艺、设备有较大改变时；

（2）产品停产半年以上恢复生产时；

（3）正常生产满一年时。

这些项目的检测方法在我国国家标准《磷石膏》（GB/T 23456—2018）与建材行业标准《磷石膏中磷、氟的测定方法》（JC/T 2073—2011）中均有具体规定。

第六节　工业副产石膏——其他

柠檬酸石膏的定义是什么？柠檬酸石膏的化学成分及物理性能是什么？

答：柠檬酸石膏是用钙盐沉淀法生产柠檬酸时产生的以二水硫酸钙为主的工业废渣。

湿柠檬酸石膏的附着水含量约为40%，呈灰白色膏状体，偏酸性（pH值2～6.5），其化学成分、细度分布和颗粒分析的参考值见表5-8、表5-9。

表5-8　柠檬酸石膏化学成分（%）

编号	结晶水	SiO_2	Al_2O_3	Fe_2O_3	CaO	MgO	SO_3
1	18.64	1.03	0.16	0.04	32.87	0.22	46.52
2	0.72	0.32	—	—	32.49	0.09	46.11
3	19.25	0.49	0.11	0.02	32.38	—	46.76

表5-9　柠檬酸石膏细度分布（%）

颗粒尺寸（μm）	>80	70～80	60～70	50～60	40～50	<40	D50（μm）
1	0	0	0	2.0	2.5	95.5	7.395
2	0.80	0.10	0.10	0.04	0.01	99.0	—

柠檬酸石膏的生产过程是怎样的？

答：柠檬酸生产工艺相似，很多有机酸的生产过程都有用硫酸酸解相应的有机酸钙盐而得到纯度较高的有机酸和硫酸钙沉淀的工艺。这些硫酸钙沉淀就被称作相应的有机酸渣或有机酸石膏，如酒石酸石膏、乳酸石膏、蚁酸石膏、草酸石膏等。这些有机酸石膏的排放量都很小。

柠檬酸石膏的生产工艺可简略地概括为：

（1）利用糖质原料如地瓜粉渣、玉蜀黍、甘蔗等，在一定条件下在多种霉菌及黑曲菌的作用下，发酵制得柠檬酸，反应式如下：

$C_{12}H_{22}O_{11}$（蔗糖）$+H_2O+3O_2 \rightarrow 2C_6H_8O_7$（柠檬酸）$+4H_2O$

（2）以上水溶液中除柠檬酸外还有其他可溶性杂质，为将柠檬酸从其他可溶性杂质中分开，加入碳酸钙与柠檬酸中和生成柠檬酸钙沉淀。反应式如下：

$2C_6H_8O_7 \cdot H_2O+3CaCO_3 \rightarrow Ca_3(C_6H_5O_7)_2 \cdot 4H_2O\downarrow$（柠檬酸钙）$+3CO_2\uparrow+H_2O$

（3）再用硫酸酸解柠檬酸钙得到纯净的柠檬酸和二水硫酸钙残渣

理论上每生产 1t 柠檬酸可得 1.34t 柠檬酸石膏，但是由于杂质和水分的存在，实际经验数据为每吨柠檬酸产生 1.5t 柠檬酸石膏。

为什么柠檬酸石膏的煅烧温度要高于天然石膏的煅烧温度？

答：一般天然石膏煅烧时，为避免无水石膏Ⅲ型的水化反应过于迅速，造成速凝，一般都控制它的生成，而柠檬酸石膏本身具有缓凝的特点，因此一定量的无水石膏Ⅲ型可以催化反应，使水化作用进行的更加迅速、彻底，从而有助于强度的提高，因此，柠檬酸石膏的煅烧温度应当高于天然石膏的煅烧温度。

造成高温煅烧的柠檬酸熟石膏凝结时间缩短的原因是什么？

答：柠檬酸石膏经高温煅烧后，凝结时间大大缩短，而且未经水洗的原渣也可得到理想的结果，原因主要有两个方面：其一是柠檬酸及柠檬酸钙作为有机化合物可在高温状态下分解或转化，从而大大降低甚至完全不具备应有的缓凝作用；其二是柠檬酸二水石膏在高温下可部分形成介稳的 β-无水石膏Ⅲ，它遇水时即可迅速再水化成二水石膏，因此会加快柠檬酸石膏的水化和硬化，从而可使凝结时间明显缩短。

新生氟石膏的物理性能是什么？

答：新排出的氟石膏是一种微晶，疏松、部分呈块状，易于用手捏碎的物料，晶体小，一般为几微米至几十微米。氟石膏物相主相是Ⅱ型无水石膏。

氟石膏中所含氟元素的情况如何？

答：氟石膏形成时，物料温度在 180～230℃，而氟化氢在常温下极易挥发，此温度条件下几乎不可能在氟石膏内残存，氟石膏中的氟元素则是以难溶于水的 CaF_2 形式存在，其含量一般低于 2%。因此，氟石膏中有毒氟化物含量极低，不会危害人体。

工厂排出的氟石膏中氟含量并不稳定，变化范围从几千毫克每千克到几万毫克每千克。更关键的是，氟石膏中细颗粒含氟量高，粗颗粒含氟量低。

不同颗粒氟石膏氟含量的变化情况如何？

表 5-10 不同颗粒氟石膏氟含量的变化（参考值）

原始氟含量（mg/kg） 不同筛上氟含量（mg/kg）	26792	19381	18411	12019	8047
1mm 筛上氟含量	17100	12100	11300	8076	5271
2mm 筛上氟含量	10900	7800	6840	5423	3821
3mm 筛上氟含量	7300	4500	3400	3400	2976
4mm 筛上氟含量	4900	2903	2031	2139	2134
5mm 筛上氟含量	2962	2140	1893	1906	1872

利用这一原理，可以用筛分法将氟石膏分级得到低含氟量的高纯度无水氟石膏。对于筛下物可进一步中和或加入天然石膏降低氟含量，或用于氟含量要求较低的领域。

排出氟石膏方法有哪几种及如何处理刚排出氟石膏的强酸特点？

答：氟石膏的排出一般有干法和湿法两种。湿法处理又分为石膏控制一定含水量适当增湿或用水彻底加湿成泥浆形式两种。

干法排出的是干粉状无水氟石膏，湿法排出的是含水量10%左右的无水氟石膏或无水氟石膏浆。在有充分水的情况下，无水氟石膏堆放三个月左右可基本转化为二水硫酸钙。

刚排出的氟石膏常伴有未反应的CaF_2和H_2SO_4，有时H_2SO_4的含量较高，使排出的石膏呈强酸性，不能直接弃置。对此，我国一般有两种处理方法。由此所得氟石膏也可以分为两种：一种是石灰-氟石膏，即将刚出炉的石膏用石灰中和至pH值为7左右，石灰与硫酸反应进一步生成硫酸钙。加入石灰时只引入少量MgO，此种石膏的纯度较高，可达80%～90%。另一种是铝土-氟石膏，是先用铝土矿中和剩余的硫酸得硫酸铝。再用石灰中和残余在石膏中的硫酸铝，使pH值达到7左右，然后排出堆放。因铝土矿中含有40%左右的SiO_2，所以，此种石膏的品位仅为70%～80%。

氟石膏制品泛霜的现象是怎么形成的？

答：盐类激发剂在整个水化过程中不参与网络结构的形成，只是附着在氟石膏晶体上，通过复盐的形成和分解来促进氟石膏的水化。随着水化的逐步推进，水化后期是晶体生长过程，复盐作用减弱，盐类激发剂从氟石膏胶结料中分离出来，填充于氟石膏胶结料的空隙中。在毛细扩散作用下，制品中部分激发剂沿毛细孔隙向外迁移，待氟石膏硬化后，便会在制品表面以薄层结晶的形态析出，即出现泛霜现象。

在氟石膏中掺加生石灰和激发剂，会对其产生怎样的影响？

答：(1) 通过添加廉价的生石灰，中和氟石膏中残留的酸及水溶性氟并使其转化为难溶的氟化钙矿物质，掺加1.5%的生石灰能有效实现固氟脱酸。

(2) 激发剂能使氟石膏胶结材料的强度得到很大的提高，同时缩短了凝结时间，但是当激发剂的含量超过一定的百分比时，强度值反而随着激发剂含量的增加而降低。综合考虑激发剂的含量应以 0.4%为宜。

(3) 在碱性环境中，矿渣的潜在活性得到充分激发，掺加 10%～20%的矿渣微粉能明显提高氟石膏胶结材料的强度和耐水性。

激发剂对氟石膏有什么作用?

答：氟石膏水化活性很低，不能直接用作胶结材。采用激发剂是提高氟石膏水化活性的最有效途径。无机盐，尤其是硫酸盐对氟石膏水化有显著的催化作用。在激发剂的作用下，无水氟石膏水化生成板状或柱状二水石膏晶体，板状或柱状晶体交织在一起，形成了较为致密的水化产物硬化体，对硬化体的强度发挥十分有利。

掺入激发剂后氟石膏的凝结时间大大缩短，强度显著提高。激发剂中的可溶性盐在氟石膏水化过程中与硫酸钙反应，随着氟石膏水化程度的提高，强度增加；另一方面由于 $CaSO_4 \cdot 2H_2O$ 不断结晶，使得浆体形成紧密交织的晶体结构，引起凝结硬化，从而缩短了凝结时间。

但是当激发剂的含量超过一定值（0.4%）后，水化速率减缓，强度有所减弱，但比空白试验强度值要高，故激发剂的掺量应以 0.4%为宜。

水泥掺量对氟石膏砂浆的性能有什么影响?

答：在氟石膏砂浆中掺入少量的水泥能够显著提高砂浆的力学性能，尤其对砂浆早期强度的增加有明显的效果，有利于施工和产品的实际应用。

随着水泥掺量的增加，砂浆的力学性能明显提高，干密度也随之增大。氟石膏单独做胶凝材料时，砂浆强度的形成取决于氟石膏的水化程度，在激发剂的作用下石膏水化生成二水石膏；由于氟石膏水化速率较慢，砂浆早期强度的增长较慢。砂浆中水泥掺量增加，早期水化产物增多，由水泥水化生成的水化凝胶和钙矾石对砂浆强度有明显的提高。

水泥的掺入，增强了砂浆的水化能力和密实性，使砂浆的强度得以提高，但随着水泥掺量的增加，砂浆的干密度也变大。影响了砂浆的其他性能。因此，要想砂浆在实际中得以应用，应在满足砂浆强度性能的基础上控制水泥的掺量，综合各方面因素考虑，水泥掺量控制在 10%左右为宜。

钛石膏的产生过程及其性质是什么?

答：(1) 钛石膏的产生：

钛石膏是采用硫酸法生产钛白粉时，为治理酸性废水，加入石灰石中和酸性废水而产生的以二水石膏为主要成分的废渣，主要成分为二水石膏。处理过程是先用石灰石中和至 pH 值为 7，然后加入絮凝剂在增稠器中沉降，清液合理溢流排放，下层浓浆液通过压滤机压滤，压滤后的滤渣即为钛石膏。

(2) 钛石膏的性质：

钛石膏的主要成分是二水硫酸钙，含有一定的杂质，一般具有如下几方面的性质：

① 附着水含量高，可达30%～50%，黏度大；

② 杂质含量高，含有一定量的废酸和硫酸亚铁，TiO_2含量小于1%，重金属铅、汞、铬等有害成分含量极低；

③ 呈弱酸性；

④ 从废渣处理车间出来时，先是灰褐色，置于空气中二价铁离子逐渐被氧化成三价铁离子而变成红色（偏黄），故又名红泥，红、黄石膏；

⑤ 有时含有少量放射性物质，我国尚未见有放射性超标的钛石膏。

为什么大量使用钛石膏时必须对其进行系列处理，具体操作是什么？

答：经过处理的钛石膏可以生产出合格的水泥，含有硫酸亚铁的钛石膏的缓凝作用不变，但是会降低水泥的3d强度和28d强度。在水泥中加入天然石膏的同时，人为加入硫酸亚铁，试验表明硫酸亚铁，增加对水泥的安定性和强度有较大影响，但是硫酸亚铁含量小于8%时对水泥质量基本无影响。所以要大量使用钛石膏必须对其进行系列处理，具体为：(1) 调整pH值（中性最好）；(2) 硫酸亚铁氧化处理；(3) 干燥。

低温煅烧时间对钛石膏复合胶凝材料强度有何影响？

答：钛石膏的煅烧时间对复合胶凝材料强度的影响以600℃下煅烧为例：当钛石膏的煅烧时间由1h增加到2h时，复合胶凝材料的抗折和抗压强度都有较大幅度的增长。当钛石膏的煅烧时间由2h增加到3h时，说明钛石膏的煅烧时间过长对复合胶凝材料的强度不一定有利。从上面分析可知，适当延长钛石膏的煅烧时间可以提高复合胶凝材料的强度，但钛石膏的煅烧时间过长反而会使复合胶凝材料的强度有所降低。在600℃煅烧时，当钛石膏的煅烧时间为2h时，对复合胶凝材料的增强作用较好。

钛石膏煅烧温度对复合胶凝材料强度的影响是什么？

答：钛石膏复合胶凝材料以石灰和水泥共同激发，石灰外掺3.5%，水泥外掺1.5%。钛石膏经煅烧后，复合胶凝材料的抗折和抗压强度都比未煅烧石膏有所提高，而且煅烧温度越高，复合胶凝材料的强度也越高。当钛石膏的煅烧温度从500℃提高到600℃时，复合胶凝材料的强度有很大幅度的提高，但当钛石膏的煅烧温度由600℃提高到700℃时，复合胶凝材料强度升高的幅度大大降低。

复合胶凝材料是以水泥为激发剂，水泥外掺15%，当钛石膏的煅烧温度从500℃升到600℃时，复合胶凝材料的强度有很大程度的提高，但当钛石膏的煅烧温度由600℃升高到700℃时，复合胶凝材料的强度却有所下降。虽然所掺激发剂的种类不同，但激发剂的掺量增加时，复合胶凝材料的强度增长规律相同，即都有大幅度的提高。增加激发剂的掺量可以更好地促进粉煤灰的火山灰反应，也有利于复合胶凝材料强度的提高。

钛石膏煅烧温度对复合胶凝材料的标准稠度和凝结时间有何影响？

答：钛石膏煅烧后，复合胶凝材料的标准稠度需水量增大。随着煅烧温度的升高，复合胶凝材料的标准稠度需水量降低，这是因为经500℃煅烧的石膏溶解速度较二水石膏快，溶解度也大，经600℃以上煅烧的石膏，早期的溶解速度随煅烧温度的升高而降低，且煅烧温度越高，溶解速度降低越显著。

钛石膏经煅烧后，复合胶凝材料的凝结时间明显缩短，这是因为：一方面煅烧增大了石膏的溶解速度和溶解度，使浆体液相中 SO_4^{2-} 的浓度增大，SO_4^{2-} 与水泥水化产生的水化铝酸钙结合生成钙矾石，在碱溶液中与粉煤灰中的活性组分 Al_2O_3 和 SiO_2 反应，生成C-S-H凝胶和钙矾石；另一方面煅烧石膏水化生成针状二水石膏，$CaSO_4 \cdot 2H_2O$ 晶体在体系中交叉分布，使复合胶凝材料水化体系发生凝结。

随着钛石膏煅烧温度的升高，复合胶凝材料的凝结时间延长，这是因为虽然煅烧石膏期的溶解度和溶解速度高于二水石膏，但其活性随煅烧温度的升高而降低，导致溶液中 SO_4^{2-} 的浓度降低，与水化铝酸钙反应生成的钙矾石的量减少；另一方面，由于煅烧石膏溶解度和溶解速度的变化，煅烧石膏水化生成的二水石膏的量也减少，从而不利于浆体的凝结硬化。

如何制备性能良好的钛石膏复合胶凝材料？

答：钛石膏在600℃煅烧2h后，再与粉煤灰、矿渣和水泥复合，可以使复合材料的初凝时间缩短至3h，终凝时间缩短至5h，28d抗折强度和抗压强度分别达到4.3MPa和13.6MPa。以钛石膏和矿渣为基本组分，采用水泥熟料以及复合早强减水剂能配制出性能优良的胶结材，强度和耐水性明显优于建筑石膏。研究表明，钛石膏混合胶凝材料自然养护28d的强度可以满足建筑墙体材料和市政道路路基混合材料的要求，溶蚀率不到建筑石膏的20%，吸水率为建筑石膏的50%左右，钛石膏复合胶凝材料具有优良的耐水性。钛石膏-粉煤灰-矿渣复合胶凝材料中若不掺激发剂，则凝结时间长，早期强度低；在复合胶结材料中掺加适量的水泥，可以明显缩短复合胶凝材料的凝结时间，有利于复合胶结材料强度的增长。

有些研究结果表明，在钛石膏-粉煤灰-矿渣复合胶凝材料中掺加5%的水泥，可以使复合胶凝材料的初凝时间缩短至4h，终凝时间缩短至9h，28d抗折强度和抗压强度分别达到5.8MPa和29.0MPa。用钛石膏、粉煤灰、矿渣和少量硅酸盐水泥或熟料，选择合适的激发剂并采取适宜的工艺措施，可配制生产高性能复合胶凝材料。研究表明，在钛石膏-粉煤灰-矿渣复合胶凝材料中掺加5%的明矾石，可以使复合胶凝材料的初凝时间缩短至1h，终凝时间缩短至2h，28d抗折强度和抗压强度分别达到9.5MPa和53.0MPa，达到了525R矿渣硅酸盐水泥强度标准。

什么是芒硝石膏？主要矿物组成和化学成分是什么？

答：芒硝石膏是钙芒硝矿石经破碎、湿式球磨、搅拌浸取、过滤分离芒硝溶液后的尾渣。尾渣中残存少量芒硝。每生产一吨精芒硝就副产约三吨芒硝石膏。

主要矿物组成二水石膏约60%、无水石膏约5%、其他为 α-石英、白云石、伊利石、绿泥石、镁硅钙石以及少量芒硝等。

芒硝石膏呈黄褐色或淡棕色，细度为200目筛余率20%，成膏糊状，含水量随过滤机不同而异，一般在18%~28%之间。化学成分见表5-11。

表5-11 芒硝石膏化学成分（%）

编号	烧失量	CaO	SO_3	SiO_2	MgO	Fe_2O_3	Al_2O_3	结晶水
1	18.52	24.38	31.37	16.05	3.28	1.42	4.02	13.52
2	16.88	26.38	31.94	17.64	1.08	1.97	4.47	11.27
3	19.75	27.77	32.73	15.30	2.23	1.67	3.80	12.81

芒硝的含量对芒硝建筑石膏的凝结时间有何影响？

答：芒硝残留大，芒硝建筑石膏凝结时间和初终凝的间隔时间都缩短，试件收缩值增大，并随龄期增大而增大，随含量的增加早期变化小，后期收缩值增大。这是由于芒硝建筑石膏硬化体产生盐析，导致贯穿表面的毛细孔数量增加。芒硝含量越大，盐析量也越大，贯穿的毛细孔数量也越多，硬化浆体中液体表面张力也越大，早期强度大大降低，后期强度提高，这主要是由于含芒硝后试件在后期产生很大收缩，使硬化体结构密实所致。

芒硝可以缩短芒硝建筑石膏的凝结时间，但含量过多，早期强度大大降低，盐析量增大，为此，必须控制芒硝建筑石膏中芒硝含量，结合有关资料，芒硝建筑石膏中芒硝残存量以不超过1%为宜。

如何提高芒硝石膏胶凝材料的性能？

答：（1）利用芒硝石膏可以炒制芒硝建筑石膏。在实验室内最佳煅烧制度为温度250℃、时间3h。该制度下煅烧的芒硝建筑石膏性能已接近或达到三级建筑石膏标准。

（2）芒硝可以缩短芒硝建筑石膏的凝结时间，但如含量过多，会使早期强度降低，盐析量增加，试件产生收缩。因此芒硝建筑石膏中的芒硝残存量最好能控制在1%以下。

（3）在芒硝建筑石膏中掺入少量柠檬酸或硼砂，可使浆体工作性大大增加，但如掺量过多会使强度降低。

（4）芒硝建筑石膏的耐水性很差，但如掺入适量的水泥和废渣粉可使硬化体的强度和耐水性提高。

（5）在芒硝建筑石膏中掺入水泥和废渣粉混合料配制的混凝土比单掺水泥的强度高。以芒硝建筑石膏为主的胶凝材料可以配制强度高于50号的石膏混凝土砌块，但这种砌块的耐水性差，仅适用于干燥地区的建筑物。

盐石膏的来源？物理性能是什么？

答：氯化钠NaCl是化学工业的重要原料，盐场用海水晒盐制造的过程中需产生大量的固体废渣盐石膏（俗称硝皮），其主要成分是二水硫酸钙（$CaSO_4 \cdot 2H_2O$）。

海盐石膏主要成分是 $CaSO_4 \cdot 2H_2O$，多为柱状晶体，并含有 Mg^{2+}、Al^{3+}、Fe^{3+} 等无机盐类和大量泥沙。

矿盐所排出的盐石膏颗粒细小，呈白色的不等粒状菱形晶体，少部分为矩形及粒状晶体。各种晶形的石膏不太均匀地混合在一起，含水量大，呈泥浆状，所含水中存在大量盐分。

硼石膏的形成过程是什么？

答：硼石膏废渣为灰白色固体，附着水含量较大，硼石膏是用硫酸酸解硼钙石（硬硼钙石 $2CaO \cdot 3B_2O_3 \cdot 5H_2O$ 或硅硼钙石 $2CaO \cdot B_2O_3 \cdot 2SiO_2 \cdot H_2O$）制硼酸所得的以二水硫酸钙为主的废渣，主要杂质是 B_2O_3，理论上，每生产 1t 正硼酸，副产 0.93t 硼石膏。用硫酸酸解硬硼钙石或硅硼钙石会产生硼石膏。硼石膏的特有杂质是 B_2O_3。

其化学成分见表 5-12。

表 5-12　硼石膏废渣化学成分（%）

编号＼成分	CaO	Fe_2O_3	Al_2O_3	B_2O_3	SiO_2	MgO	SO_3	Na_2O	K_2O	Cl^-	水分	烧失量	备注
1	25.24	0.74	1.34	7.00	7.74	0.88	35.62	0.10	0.79	0.004	—	20.91	—
2	9.50	0.37	0.68	1.0	6.90	1.50	38.05	0.15	—	—	27.30	—	未干燥
3	28.80	0.65	1.50	11.26	8.98	1.70	44.16	—	—	—	2.95	—	经干燥

硼石膏作水泥缓凝剂时对水泥有什么影响？

答：(1) 与天然石膏相比，硼石膏有显著的缓凝作用，且凝结时间不随硼石膏中 B_2O_3 的含量而变化，即硼石膏中的 B_2O_3 不影响硼石膏对水泥的缓凝作用。

(2) 用硼石膏配制的水泥抗折强度和抗压强度都高于对照水泥试样，且这些强度值都随硼石膏中 B_2O_3 的减少而提高，即硼石膏中的 B_2O_3 对水泥的强度有影响。

(3) 硼石膏对水泥体积膨胀无任何影响。

(4) 对硼石膏先进行提纯处理再用于水泥生产是可行的。

怎样制备再生石膏？

答：陶瓷废模主要成分为二水石膏，自由水含量 5%左右，模具内部会有一些硫酸钠，表面可能会粘有一些陶瓷泥坯。如将铸造成型的和硬化的石膏废模在 120～160℃下重新脱水并加以磨细，则同水混合时，石膏又重新具有凝结和硬化的性能。石膏的这种再生作用，可以重复几次，只是二次硬化的石膏，其强度较小而已。石膏可以无数次再生，因为它并没有失去再结晶、凝结和硬化的性能。可是，在调制再生的灰泥石膏浆时，需要较多的水，并且必须把再生石膏磨得很细，这种再生石膏硬化得比较慢。再生石膏凝结后比最初的石膏产出气孔要多，制得的铸件也比较轻和脆。

再生石膏强度降低的机理是什么？

答：原生石膏在长期地质作用下形成的结晶结构非常致密，而再生石膏比原生石膏结构疏散，内部孔洞多，空隙率大。当把再生石膏粉加入水中时，它就会吸收大量水分，这就使得其标准稠度需水量增加，如此大量的剩余水分在硬化体干燥后留下大量的大小不等的孔隙，这就是造成再生石膏强度降低的主要原因。再生石膏的结晶形态、结晶完整程度、晶体大小及排列方向是影响再生石膏强度的另一个因素，但比空隙率的大小对强度的影响要小。

由于空隙率是影响再生石膏强度的主要原因，因此采取合适的工艺措施，降低其标准稠度需水量是提高再生石膏强度的主要方法。采取掺加外加剂的方法提高再生石膏的强度是可行的，特别是掺加外加剂后，其干抗压强度可提高至 12.8MPa 左右，提高了 61.6%，效果非常明显。

如何提高再生石膏的性能？

答：(1) 掺加外加剂对于再生石膏性能的提高起到了明显作用，与空白试验相比干抗压强度提高了 61.6%。

(2) 通过对再生石膏物理性能的测定和硬化体微观结构的测试分析，揭示了再生石膏硬化体强度降低的根本原因是空隙率的增加。

(3) 提高再生石膏强度的途径是选择合适的工艺条件和选择合适的外加剂，降低标准稠度需水量，减少硬化体的孔隙率。

掺加外加剂可以明显提高再生石膏的性能，与不掺外加剂的试样相比，掺加 0.5% 的三聚氰胺减水剂湿强度抗折和抗压分别提高了 1.1MPa 和 4.0MPa；干强度抗折和抗压分别提高了 2.9MPa 和 4.5MPa，效果比较明显。随三聚氰胺减水剂掺量的增加，二次再生石膏的性能也随之提高，但增幅不明显，综合考虑选取三聚氰胺减水剂掺量为 0.5%。

附录　胶粉对于石膏的改性

改进型 SWP01-2 胶粉与 2088、2488 胶粉配制粘结石膏对比试验。

配合比

编号	粉料（%）	外加剂（%）	2488 胶粉（%）	2088 胶粉（%）	三维 SWP01-2（%）
1	100	0.3	0.3	—	—
2	100	0.3	—	—	0.3
3	100	0.3	—	—	0.6
4	100	0.3	—	0.3	—
5	100	0.3	—	0.4	—

试验结果

编号	加水量（%）	初凝时间（min）	终凝时间（min）	表观黏度	操作性能	1d 粘结（%）	3d 粘结（%）	5d 粘结（%）	绝干粘结（%）
1	48.5	130	139	较好	较好	0	10	25	≥90
2	46.5	143	151	较好	较好	0	8	25	≥90
3	46.0	141	151	较好	较好	0	8	25	≥90
4	48.0	135	145	较好	较好	0	10	25	≥90
5	49.0	130	140	较好	较好	5	15	40	≥90

参考文献

［1］刘红岩，施惠生．脱硫石膏的应用研究现状和典型工艺［J］．矿冶．2006（4）：56-60．

［2］赵姗姗，李蜀庆．重庆燃煤电厂烟气脱硫石膏综合利用前景分析［J］，环境保护与循环经济，2008（10）：21-24．

［3］川崎重工业株式会社．日本脱硫石膏利用状况和中国脱硫石膏利用前景［J］．新型建筑材料，1999（12）：37-40．

［4］Vent a G J．Utilization of chemical gypsum inJapan［J］．2ND International Conference on FGD and Chemical Gypsum，1991（5）：12-13．

［5］Stein V．FGD-gypsum in united Germany-trends of demand andsupply［J］．2ND International Conference on FGD and Chemical Gypsum，1991（5）：13-15．

［6］Ham m H．Coping with the FGD gypsumproblem［J］．ZKG，1994（8）：524-328．

［7］Wisching F，Huller R．Fills made from FGD gypsum［J］．ZKG，1995（5）：241-245．

［8］尹连庆，徐峥，孙晶．脱硫石膏品质影响因素及其资源化利用［J］．电力环境保护，2008（1）：28-30．

［9］侯庆伟，路春美．湿法烟气脱硫系统的物理化学分析［J］．电力环境保护，2005，21（1）：9-10．

［10］李建锡，舒艺周，唐霜露，等．新型干法预分解磷石膏制硫酸联产水泥可行性分析［J］．硅酸盐通报，2009，28（3）：563-567．

［11］冯云．缓凝水泥的生产试验研究［J］．西安建筑科技大学学报（自然科学版），2008，40（6）：780-784．

［12］周玉琴．磷石膏制水泥缓凝剂装置的应用及改进［J］．安徽化工，2000（3）：41-44．

［13］王学文．磷石膏制水泥缓凝剂生产线的设计特点与达标措施［J］．硫磷设计与粉体工程，2000（2）：27-30．

［14］路向前．磷石膏在水泥工业中的应用［J］．国外建材科技，2003，24（5）：8-10．

［15］吕天宝．大型磷铵工程磷石膏制硫酸联产水泥装置的三废治理及利用［J］．化工环保，1995，15（5）：302-306．

［16］黄新，王海帆．我国磷石膏制硫酸联产水泥的现状［J］．硫酸工业，2000（3）：10-14．

［17］姚军利，张再勇，万笃韬．陕西火电厂烟气脱硫石膏综合利用现状和前景［J］．中国水泥，2009（12）：86-87．

［18］赵晓东．磷石膏作水泥缓凝剂的实践［J］．新世纪水泥导报，2010（3）：59-61．

［19］张克华．化工磷石膏制备石膏胶凝材料研究及应用［D］．南京：南京理工大学，2006：6．

［20］P K Mehta，James R Brady．Utilization of phosphogypsum inPortland cement industry［J］．Cement and Con-crete Research，1977（7）：537-544．

［21］H Olmez，V T Yilmaz．Infrared study on the refinement ofphosphogypsum for cements J Cement and Con-crete Research，1988（18）：449-454．

[22] 江得厚. 目前烟气脱硫工艺技术几个问题的探讨 [J]. 发电设备，2007（2）：164-167.

[23] 中国环境保护产业协会锅炉炉窑脱硫除尘专业委员会. 我国火电厂脱硫行业2006年发展报告 [J]. 中国环保产业，2007（10）：20-24.

[24] 林宗寿. 无机非金属材料工学 [M]. 武汉：武汉工业大学出版社，1998.

[25] 沈威. 水泥工艺学 [M]. 武汉：武汉工业大学出版社，1991：262-266.

[26] 侯贵华. 掺煅烧石膏水泥早期水化过程的研究 [J]. 硅酸盐学报，2002，30（6）：12.

[27] 何水清. 低碳利废建材生产与应用 [M]. 北京：化学工业出版社，2011.

[28] 陈福广. 新型墙体材料手册 [M]. 2版. 北京：中国建材工业出版社，2001.

[29] 姜沛培，阎远东，郑文锋. 火电厂脱硫石膏综合利用工艺的选择与创新. 2007年5月上海，第二届全国石膏生产与应用技术交流会论文集.

[30] 王新民，李颂. 新型建筑干拌砂浆指南 [M]. 北京：中国建筑工业出版社，2004.

[31] 胡红梅，马保国. 天然硬石膏的活性激发与改性研究 [J]. 新型建筑材料，1998（4）：19-21.

[32] Jeongyum Do，Yangseob Soh. Performance of polymer-modified self-leveling mortar with high polymer-cement ratio for floor finishing [J]. Cement and Concrete Research，2003（33）：1497-1505.

[33] 师红. 磷石膏的利用 [J]. 建材发展导向，2005，3（A01）：44-46.

[34] 杨斌，李沪萍，罗康碧. 磷石膏的综合利用现状 [J]. 化工科技，2005，13（2）：61-65.

[35] 卓蓉晖. 磷石膏的特性与开发应用途径 [J]. 山东建材，2005，（1）：46-49.

[36] 王复生. 杨海艳，等. 硫铝酸盐水泥和硅酸盐水泥对复合水泥性能的影响 [J]. 北京建材，1996.

[37] GB/T 1346—2001 水泥标准稠度用水量、凝结时间、安定性检验方法 [S].

[38] GB/T 17671—1999 水泥胶砂强度检验方法（ISO法）[S].

[39] JC/T 603—1995 水泥胶砂干缩试验方法 [S].

[40] 方开泰，马长兴. 正交与均匀试验设计 [M]. 北京：科学出版社，2001：144-152.

[41] 付兴华，侯文萍. 改善硫铝酸盐水泥性能的研究 [J]. 水泥技术，2001（2）：10-16.

[42] 高鑫. 滕朝晖. 石膏基自流平的应用技术研究 [J]. 石膏建材，2020（2）：24-35.

[43] 杨冬蕾. 我国磷石膏和钛石膏资源化利用进展及愿望 [J]. 硫酸工业，2018（10）：5-10.

[44] 赵云龙. 建筑石膏生产与应用技术 [M]. 北京：中国建材工业出版社，2019.

[45] Yang X S，Zhang Z Y，Wang X L. Thermodynamic Stady of phogy Psumdecomposition by Sulfur [J]. Chem. Thermodynam：CS. 2013，57：39-45.

河南强耐新材股份有限公司（以下简称"公司"）是"新三板"上市企业，证券简称：强耐新材，证券代码872777。成立于2012年7月，现有股本9078万元，是一家集绿色建筑建材的研发、生产、销售及技术推广为一体的高新技术企业。下辖全资子公司河南盖森材料科技有限公司、河南中绿能科技有限公司、河南中绿建科技有限公司、河南省资源综合利用产业研究院。公司产品包括砂浆系列、地坪系列、粘贴系列及装配式建筑等四大系列、30余种产品，可基本满足建筑材料全部需求。

现有员工195人，大专以上学历人员占37%，硕士及以上占12%。拥有专兼职教授（含教授级高工）7人、博士12人、两大省级研发平台、专利34项（其中发明专利22项）。自2015年始，公司以参与国家"十二五"科技支撑计划项目为契机，多方位支持石膏基建材的研发。目前，公司在石膏自流平、抹灰石膏的配方和生产制备工艺等核心技术方面已十分成熟；公司石膏自流平产业化基地的年产20万吨β石膏粉、5万吨α石膏粉生产线已经投产使用，确保了产品品质；"111"工匠队伍体系初具规模，超10万平方米单个项目实现突破；布点河南、山东、山西等地的产品基地运营良好，基于石膏基建材的全产业链运营合作模式初具雏形。

2019年10月，首单石膏自流平砂浆出口澳大利亚，这也是我国石膏基地面找平产品出口海外的一次巨大突破。强耐石膏自流平推出一年来已累计完成300余万平方米施工任务，项目遍及河南、山东、湖南、上海等全国各地，是行业内公认的高质量石膏基自流平供应商和专业施工方。

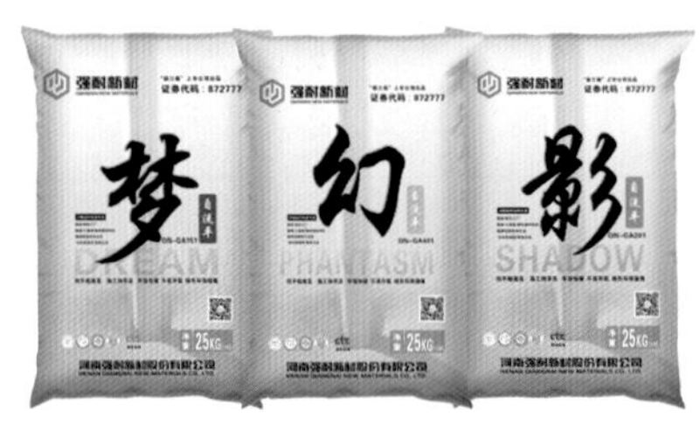

强耐石膏自流平

强耐抹灰石膏